The Whole-Brain Child

12 Revolutionary Strategies to
Nurture Your Child's Developing Mind

0~12歲的全腦情緒教養法

教孩子跟情緒做朋友

腦神經權威×兒童發展專家的
12個腦科學教養大關鍵
培養孩子的情緒力、專注力、社交力

丹尼爾・席格 Daniel J. Siegel, M.D.
蒂娜・布萊森 Tina Payne Bryson, Ph.D.
著

周玥　李碩
譯

各界好評

兩位作者說明，孩子的大腦各部分如果能找到平衡並且整合，就能發展出更好的自我理解、人際關係，以及課業表現優異等不同好處。本書運用插圖、圖表，甚至提醒單，盡可能地讓每個父母都能輕鬆理解腦科學。——《出版者周刊》

對家庭各成員來說都有用的育兒資源……作者在書中介紹了大量的腦科學知識，卻能用簡單說明讓成人和兒童都能了解。——《柯克斯評論》

提供各種讓孩子冷靜下來，且具有同情心的策略。——《華盛頓郵報》

本書讓父母和老師了解健康孩子大腦的各部分如何整合。——*Parent to Parent*

兩位作者寫了一本精湛、親切易懂的育兒指南，幫助孩子提升他們的情感智商。這個絕妙的方法，能將日常互動轉變為塑造大腦的寶貴機會。每個關心孩子、愛孩子的人都應該閱讀本書。——丹尼爾．高曼，《ＥＱ》作者這本博學、溫柔且幽默的書，充滿了來自最新神經科學研究的嶄新想法。我強烈建議希望孩子能善良、快樂，並且擁有情緒健康的父母，都應該閱讀這部作品。我會把這本書作為新生兒的禮物。——瑪麗．派佛博士，《喚醒奧菲莉亞》（*Reviving Ophelia*）和《彼此庇護》（*The Shelter of Each Other*）作者

恐懼？爭吵？挫折？本書可以幫助你！兩位作者將最先進的腦科學，轉化為簡單、聰明且有效的解決方案，來應對你的育兒困境。——哈維．卡普醫生，《最幸福的寶寶》（*The Happiest Baby on the Block*）和《最幸福的幼兒》（*The Happiest Toddler on the Block*）作者

本書充滿培養快樂且有韌性孩子的策略，提出各種有力的工具，幫助孩子發展情緒智商，讓他們能在世上取得成功。父母也將從書中學會，如何與孩子更加親密連結，並能更滿意自己的親職角色。最重要的是，這本書讓父母教導孩子了解他們的大腦是如何運作的，甚至讓非常年幼的孩子也能對內在自我有理解，進而做出明智的選擇，活出有意義且快樂的生活。——克里斯汀．卡特博士，《培養幸福》（*Raising Happiness*）作者

本書充滿活力且親切易讀，兩位作者捨棄了舊有的「好」與「壞」的育兒模式，提供了一個科學研究的重點：育兒方式對孩子大腦發展的影響。父母必然能在這些生動的育兒卡關情境中認出自己。更重要的是，父母會發現，日常的同理心和洞察力會幫助孩子整合自己的經驗，並發展出更有韌性的大腦。——邁克爾．湯普森博士，《撫養該隱》的共同作者

【推薦序】

和孩子一起邁向情緒成熟的前景

文／楊俐容（心理教育專家、CareMind耕心學院知識長）

義大利作家伊塔羅．卡爾維諾在《為什麼要讀經典》一書中提到，經典作品是那些你常聽人家說「我正在重讀……」而不是「我正在讀……」的書。而此刻，我正在重讀的，是堪稱SEL教養經典的《教孩子跟情緒做朋友》。

SEL（Social and Emotional Learning），中文翻譯為「社會情緒學習」，是聯合國自二〇〇二年開始積極倡議，全球各先進國家高度關注的教育與教養趨勢。SEL包含自我覺察、自我管理、社會覺察、人際技巧，以及做負責任的決定等五大能力，其中覺察並妥善管理情緒是SEL的核心基礎。

多數國家推動SEL，都是以學校為基地、提升教師和學生的SEL素養為主要目標。然而，許多研究指出，家庭是孩子學習SEL的另一個重要場所，如果家長也能了解SEL，並且將SEL帶入家庭教養中，孩子的社會情緒力將迎來最好的發展成果。因此，許多SEL領域的專家學者，嘗試將艱深的學術理論、專業的臨床技巧，轉化為淺顯易懂的文字和圖像，希望能幫助家長吸收相關知識、學習有效技巧，並因此提升教養效能、創造親子間的情感連結。

《教孩子跟情緒做朋友》的作者丹尼爾・席格醫師（Daniel J. Siegel, M.D.）和蒂娜・布萊森博士（Tina Payne Bryson, Ph.D.），可以說是這個領域的佼佼者。前者是美國UCLA精神醫學臨床教授，後者是兒童青少年心理治療專家。因為有著深厚的學術背景，以及豐富的兒童青少年臨床心理工作經驗，作者所闡述的教養觀念，都來自心理與大腦科學研究結果，立論堅實可信。真實案例的分享，則讓讀者更能理解書中提供的教養技巧，以及如何將這些技巧化為日常生活中的具體練習。

最難能可貴的是，作者以圖像化而且可操作的「掌中大腦」，來說明情緒失控與情緒管理的大腦機制，讓家長和老師可以快速提升自身的SEL知識與技巧，並且運用同樣的方式，引導孩子認識情緒、管理情緒。這個充滿原創性的類比，是作者獨到的洞見，在學術界和實務界都得到高度評價，許多心理師也將此書列在必讀書單裡，實際運用在諮商與治療中，這也是本書成為經典的重要原因之一。

卡爾維諾對於經典還有另一個詮釋，他說：「經典是對我們產生某種特殊影響、每次重讀都好像初讀那樣帶來發現的書」。《教孩子跟情緒做朋友》是適合一再重讀的教養經典，想要精進家庭教養方式，就需要靠不斷重複來打造更能帶來幸福的大腦迴路。因此，無論是已經熟悉這本書的老朋友，或是初次接觸的新讀者，都可以透過共讀、一起演練、彼此提點、互相支持，來深化對新知的理解、對技巧的精熟，進而對於以心腦科學為基礎的 SEL 教育教養，產生更強的信念與決心。

二〇一六年中文版初次面市時，許多親職教養專家就已經把這本書列在讀書會推薦書單裡，二〇二四年暢銷紀念新版當然也絕對不可遺漏。特別是在後疫情與 AI 興起的時代，迎接孩子、家長和老師的，是更大的衝擊和壓力，唯有懂情緒、能駕馭情緒的孩子，才有機會戰勝對未知的恐懼和焦慮，掌握時代脈動的積極面，迎向更加廣闊與無限可能的未來。

「我們已經被各類印刷品的洪水淹沒了，哪裡有時間和閒情去讀經典作品？」，卡爾維諾的這句話，一針見血地指出現代家長與老師面對資訊轟炸的煩躁，以及從魚目中揀選珍珠的困難。然而，在資訊洪流中，我們更需要經典的陪伴，誠摯推薦《教孩子跟情緒做朋友》給關心孩子的家長與老師，讓我們和孩子共同成長，一起邁向情緒成熟的前景！

【推薦序】

心慌慌爸媽最需要的教養祕笈

文／胡嘉琪（美國執業心理師、《從聽故事開始療癒》作者）

一聽到本書繁體中文版要問世，我不斷想起同為六年級生的同學們，大家正處在上有父母、下有幼兒、左手提菜籃、右手發簡訊，生活中隨時有讓人抓狂而混亂的狀況，也因此容易產生想控制一切人事物的刻板僵化心態。二〇一五年紅遍全球的電影《小王子》裡的媽媽，就把女兒未來幾年的時時刻刻都規畫好了，彷彿孩子的人生照計畫走，就能夠到達幸福的彼岸。真的是這樣嗎？

二〇一五年，在美國感恩節的隔天，法國舉國哀悼兩週前喪生的一百三十人，人生隨時有讓我們意想不到的挑戰，甚至創傷。大多數五、六、七年級生的青春期曾經穿著制服，守著髮禁，走過只要按步驟往前走就算成功的年代。可是，全球局勢的快速變遷，計畫趕不上變化，在夜深人靜的一刻，身為父母的五、六、七年級生或許也不免心慌慌，什麼才是真正守護孩子的教養方式呢？

本書作者指出，**幸福**，**就是能平靜地航行在河中央**，與右岸的「混亂」及左岸的

「刻板」保持適中距離。能如此順利駛過風浪的祕密，就在於本書所分享的智慧：**「整合」右腦的情感與左腦的邏輯，以及「整合」上層大腦的思考、計畫執行力，與下層大腦的情緒和身體感官知覺**。當上下左右的腦部建立了整合的線路，不管是父母還是孩子都能鍛鍊出本書所說的**心智省察力（mindsight，又譯第七感）**，幫助我們在狂風大浪中隨時維持清晰的覺察，在環境中辨認出能合作的夥伴，在變動中有創意地去解決問題。

只是，**「整合」是一條需要投資時間的道路**。本書作者用房屋來比喻大腦，讓我想起小時候聽過的故事《三隻小豬》。豬大哥跟豬二哥急匆匆地蓋了茅屋和木屋，豬小弟則在兩位哥哥的嘲笑聲中，慢慢地把磚房蓋好。結果，大野狼來的時候，一口氣就把茅屋和木屋吹倒了，只有磚房真正地保護了三兄弟。

過去強調一個口令一個動作的軍事化教育，比較像是蓋茅屋和木屋，可以很快就讓孩子「乖乖聽話」，達到外在要求。這對於資源稀少、人口眾多的華人社會來說，曾經是非常有效的策略，虎爸虎媽們的成功便是最佳例子。

蓋磚房或鋼筋水泥大樓，需要花更多的時間去奠定地基：孩子需要在幼年時充分發展身體感官動能的協調；隨著發展階段不同，在適當的界線中，讓孩子有機會安全地跌倒，然後自己爬起來。還有，蓋大樓也需要更多的時間去拉管線，意指孩子需要父母師長運用機會教育，一次次幫孩子讀懂自己的心，一步步練習如何駕馭心煩意亂的波浪，一遍遍用話語練習把故事說出來。

在生活節奏緊湊的亞洲社會，想要幫助孩子們整合全腦的父母老師們或許會覺得心有餘而力不足。本書就像是藏有心法的武功祕笈，提供許多實用的策略，讓父母老師能夠練出自助又助人的招數；此外，每一章附上的漫畫式教養情境，也讓大人小孩可以一起快速學習重點。

即使目前你沒有小孩，本書也很適合幫助成年人對自己的內在小孩進行全腦情緒療癒教育。身為成人，我們有自由重新選擇如何與自己相處，當內在小孩生氣地大吼大叫，或許可以試著用運動改造大腦；當內在小孩覺得被遺棄，也可以先給自己溫暖的擁抱；甚至，當內在青少年搞叛逆的時候，也可以用幽默搞笑的方式，提醒自己使用心智省察力。身為成人，**當我們先做好自己內在小孩的全腦爸媽，就更有能力對身邊的孩子們施行全腦情緒教養，或支持身邊其他當父母的朋友們一起教養我們的下一代！**

【給父母的提醒】

管教的八大基本原則*

您是孩子生命中的重要人物，幫助孩子發展心智、性格，甚至是他們的大腦結構。我們想分享這種美好的特權與責任，也就是：教導孩子做正確的選擇，以及如何成為善良、成功的人。我們也想分享如何處理孩子的行為問題，希望幫助您在管教孩子時，有一致性且有效的處理方法。

以下是我們採取的八項基本原則：

1. 管教至關重要

關愛孩子，提供他們的日常所需、同時設定清晰且一致的界線，還有對他們抱持期

* 編按：原文標題"A Note to Our Child's Caregivers: Our Discipline Approach in a Nutshell"，為作者丹尼爾・席格對本書的補充資料。資料出處請見官網 https://drdansiegel.com/book/the-whole-brain-child/

望，所有這些都有助於孩子在人際關係和其他領域獲得成功。

2. 有效管教建立在親子間的愛和尊重

管教永遠不該使用威脅、羞辱、體罰、恐嚇，讓孩子把大人視為敵人。管教應該讓涉及的每個人都覺得安全和充滿愛。

3. 管教的目的是教導

管教時刻是讓孩子知道有什麼方法技巧，在眼前能妥善地處理自己的行為，往後自己能做出更佳的決定。比起直接告知他們立即的後果，教導孩子會是更好的作法。與其處罰孩子，我們會幫助他們思考自己的行為，提供具有創意和好玩的方式鼓勵孩子一起合作。我們會先跟孩子討論再訂定規矩，讓他們更有意識和技巧，如此就能在當下和未來有更好的行為表現。

4. 管教的第一步是留意孩子的情緒

孩子不遵守規矩，通常是因為重大情緒沒有好好處理，而他們也還不懂用什麼技巧做出好的選擇。因此，大人留意孩子**行為背後**的情緒反應，與他們的行為本身同樣重要。事實上，科學研究顯示，要改變孩子長年累月的行為，回應他們的情緒需求，以及幫助孩子發展大腦，使他們隨著成長可以更妥善面對自己，才是最有效的方法。

5. 孩子心煩意亂或發脾氣，就是最需要我們的時候

我們必須對孩子證明我們會支持他，在他最糟糕的時候提供幫助。這樣就能建立信

任與全面的安全感。

6. 有時需要等待孩子能接受教導

孩子難過或失控的時候，並不是教他事情的好時機。那些強烈的情緒只是反映孩子需要大人。因此，我們的首要任務是幫助他們冷靜下來，這樣他們就能重新控制自己、並處理好自己的行為。

7. 透過與孩子連結幫助他們能夠接受教導

在重新引導孩子的行為之前，我們先跟孩子建立連結、讓他們覺得自在舒適。如同他們受傷我們會提供安慰，他們情緒低落我們也給安撫。我們會正視他們的情緒、給很多的同理。在教導孩子之前，我們先建立連結。

8. 連結之後，重新引導行為

只要孩子能感受與我們連結，他們就更能接受教導。此時我們就能有效地重新引導他們，討論他們的行為。重新引導和訂定規矩，我們希望達到的目的是，孩子能夠認識自己、同理別人，有能力在犯錯的時候改正。

對我們而言，管教可以總結成簡單的一句話：連結和重新引導。我們應該永遠最先提供安撫與連結，才能夠重新引導行為。**即使當我們對孩子的行為說「不」時，我們依然會對他們的情緒、以及他們體驗事物的方式說「好」。**

目錄 CONTENTS

教養最富挑戰性的時刻，往往就是孩子的大腦處於分裂狀態的時候。整合就是讓大腦協調運作。父母為孩子提供的體驗，能幫助他們整合大腦，使他們免於混亂與刻板的狀態，保持心理健康。最終，孩子的情感、才智和社交能力都會得到很大的發展。

孩子在成長過程中，都是右腦占主導地位，因而他們完全活在當下，不理會外在的一切；然而若只使用左腦，孩子就會變得過於理性、沒有感情。通過聆聽與關注、經歷分享，認清孩子的情緒狀態，幫助他們把左右腦結合起來，用左腦的邏輯平衡右腦的強烈情感。一旦學會正確處理情緒，孩子就能變得更快樂。

CHAPTER 3

控制本能的下層大腦在孩子出生時就十分發達，而擁有分析思考能力的上層大腦要到成年後才能完全發育成熟，因此當孩子情緒失控時，喚起他們的上層大腦，鼓勵孩子控制自己的身體和情緒，考慮別人的感受，就能幫助他們做出正確的決定。

引言

生存式教育，還是發展式教育？

教養最有挑戰性的時刻，往往就是孩子的大腦處於分裂狀態的時候。整合就是讓大腦協調運作。父母為孩子提供的體驗，能幫助他們整合大腦，使他們免於混亂與刻板的狀態，保持心理健康。最終，孩子的情感、才智和社交能力都會得到很大的發展。

你也有過這樣的日子吧？一覺到天亮變成一件奢侈的事；孩子的鞋子上全是泥巴，新外套還沾上了花生醬；孩子每次做功課都像打仗，還把黏土黏在電腦鍵盤上，指著妹妹喋喋不休地說：「是她先動手的！」……你一秒一秒數著時間，只希望快點天黑，好把小祖宗們送上床。在那些日子裡，當你不得不一而再、再而三地從孩子鼻孔裡把葡萄乾摳出來時，你的最高期望似乎也就是「能安然度過就行了」（to survive）。

不過，說到孩子，你的標準一定比「滿足生存需要」高多了。你當然希望熬過孩子在餐廳裡暴怒的時光，但身為父母，你的終極目標就是要讓孩子獲得更好的發展（to thrive）。你希望他們擁有有意義的人際關係，關心他人，富有同情心，學業優秀，工作努力，有責任感，以自己為榮。

發展式教育，從全腦情緒教養開始

多年來，我們訪問過數千對父母，問到他們最看重什麼時，有兩種目標總是排在前面：一、希望自己成為合格的父母，能夠熬過艱困的教養時刻；二、希望孩子擁有無限發展的能力。身為父母，我們也對自己的家有同樣的期望。我們在平靜、清醒的時刻，確實思考過應該如何培養孩子的心智，增強他們的好奇心，幫助他們在生活的各個方面發揮潛能。但是，在那些狂亂、緊張、「把小傢伙哄上安全座椅然後飛車去看球賽」的時刻，我們只希望自己不要尖叫失態，或者被孩子們說「你真討厭」！

把生存時刻變成成長時刻

花點時間問問自己：你想讓孩子成為什麼樣的人？你希望他們成年後具備什麼特質？你很可能希望他們快樂、獨立、成功，擁有良好的人際關係，過著有意義、有目標的充實生活。現在請想想，你有多少時間是花在有意識地培養孩子的這些特質上？你很可能像大多數父母一樣，擔心花了太多時間試著安然度過這一天（有時是接下來的五分鐘），卻沒足夠時間去創造在今日與未來都能夠幫助孩子成長的體驗。

你可能還會拿自己跟所謂的「完美父母」比較，他們似乎從來不需要為孩子傷腦筋，而且似乎每一刻都在幫助孩子成長。據說家長教師協會的主席能夠一邊烹煮營養均衡的有機食品，一邊用拉丁文講助人為樂的故事給孩子聽；或者在開車送孩子去藝術博物館的路上播放古典音樂，還不忘在空調裡灑上薰衣草精油來個芳香療法。似乎沒有人比得上這種虛構的超級父母，特別是當大部分時間都花在為「生存」而努力。我們只會在生日派對快結束時怒目圓睜、滿臉通紅地咆哮：「如果再吵要這要那，誰都別想拿到禮物！」

如果以上的道理你已經明白了，還有一個好消息要告訴你：**那些讓你奮力掙扎的**

「生存」時刻，正是你幫助孩子獲得發展能力的好機會。有時你可能會覺得，充滿愛意的重要時刻（比如關於同情心和品格的談話）與教養裡的挑戰（比如強迫孩子寫家庭作業或替他收拾爛攤子）是截然不同的兩件事，但事實並非如此。孩子對你不禮貌或跟你頂嘴、被請到學校跟校長面談、發現牆上滿是蠟筆塗鴉……毫無疑問，這些都是所謂的「生存時刻」，但同時也是機會，甚至是禮物——只要採取恰當的教育方式，「生存時刻」也會變成「成長時刻」。

想想某個經常讓你很難熬的場景，比如三分鐘之內孩子們第三次打起來（不難想像吧）。你能做的，不只是把他們拉開、關進不同的房間，你還可以讓這場混戰變成一次機會教育：教孩子學會反映性傾聽（reflective listening，譯注：聽者必須試著了解對方的感覺和想法，用自己的話把對方的意圖表達出來並向對方求證），用心了解他人的觀點；教會他們清晰並禮貌地表達自己的願望；教導他們談判、妥協和犧牲，學習寬恕。我們知道這聽起來很不可思議，特別是在那個怒火攻心的時刻，但是如果你對孩子的情感需求和精神狀態有多一點了解，你就能獲得正向的成果，完全用不著請聯合國維和部隊幫忙！

孩子打架時，把他們分開並沒有錯，這是很好的「生存式教育」技巧，在某些情況下也許還是最好的辦法。然而我們能做的不只是制止衝突和爭吵，還應該把它轉化成發展孩子的大腦、個性和人際交往技巧的經驗。多加練習之後，孩子們都能得到成長，還會學著自己處理衝突，而這只是你幫助孩子獲得無限發展能力的其中一種方法。

將「生存式教育」與「發展式教育」相結合的可貴之處在於，你不需要專門花時間來幫助孩子獲得發展能力。你可以運用**所有的**親子互動時刻（不論是緊張、憤怒，還是不可思議、溫馨的時刻），讓孩子變成你期望中有責任感、關心他人、有能力的人，也就是說：利用與孩子相處的日常時刻，協助他們發揮自己的潛能。另外，本書針對教養和學術研究中過分追求成就和完美的傾向，也開出了一劑解藥。本書更聚焦在教家長幫助孩子做自己，活得更自在、更有彈性和更有力量的方法。但是該怎麼做呢？答案很簡單：**了解孩子大腦的一些基礎知識**。這就是本書的主旨。

如何使用本書？

本書從父母的角度出發，但討論的內容對祖父母、老師、治療師或照護孩子的任何人都適用。全書將統一使用「父母」這個詞，但本書實際上是針對任何從事養育、支援、教養這類重要工作的人為對象，目的在於教授如何將日常生活的互動，化為幫助你與孩子雙方生存與成長的機會。雖然很多內容也適用於青少年，但本書關注的是零到十二歲的兒童，包括學步兒、學齡兒童和中高年級學童。

接下來的篇章將解析全腦情緒教養的觀點，提供多元化的策略讓孩子更快樂、更健康，擁有更飽滿的自我。第一章介紹了腦科學的教養概念，並引入全腦情緒教養的核心概念——**整合**。第二章著重在講述如何幫助孩子整合左腦和右腦，讓孩子能夠與自己的邏輯自我和情感自我產生連結。第三章強調在掌管本能的「下層大腦」（downstairs brain）與掌管思辨的「上層大腦」（upstairs brain）之間建立連結的重要性，這種連結對發展孩子的決策能力、洞察力、同理心和道德感至關重要。第四章解釋了如何用理解、體諒的方式幫助孩子處理過去的痛苦回憶，讓他們能夠溫柔、清醒而有意識地表達痛苦。第五章會幫助你培養孩子停下來反思自己心理狀態的能力，具備了這種能力，他們就能夠選擇如何感受內在的世界，自行決定要做出什麼反應。第六章特別介紹了一些方法，教孩子在保持獨立的同時與他人建立連結，從而獲得幸福感與成就感。

在對全腦情緒教養的各個面向有清晰的了解之後，你將會重新看待「教養」這件事。身為父母，保護孩子不受任何傷害是我們的天職，但其實我們根本做不到。孩子會跌倒，感情會受傷，會受到驚嚇，會悲傷，也會憤怒。**事實上，正是這些難熬的經驗促使他們成長並認識這個世界。與其極力保護他們免於生活中不可避免的挫折，不如幫助他們將這些經驗整合進對世界的理解之中，並從中學習**。孩子對於自己年輕生命的理解，不僅取決於發生的事情，還取決於父母、老師與照護人對這些事情的反應。

考量到這一點，我們的首要目標就是提供家長具體的方法，盡量讓本書切實可用，讓你的教養之路更輕鬆，讓你跟孩子的關係更加有意義。至於該如何應用本書介紹的科學概念，書中的「爸媽可以這樣做」專欄將提供實用的建議與案例說明。

本書還收錄了以漫畫形式呈現的「全腦兒童」專欄，將協助你把各章所介紹的基礎知識教給孩子。「跟孩子談大腦」聽起來也許很奇怪，但我們發現，其實就連四、五歲的孩子也能夠理解大腦運作的一些重要概念，因此便能夠用一種更深刻的新方式理解自己，以及自己的行為和感受。這些知識不僅對孩子非常有用，對於想用讓自己和孩子都感覺更好的方式來教導、訓練和關愛孩子的父母來說，也非常有用。你可以把這部分內容唸給孩子聽，並根據孩子的情況靈活運用。

此外，每一章章末還有「給爸媽的整合練習」，本書大部分內容都聚焦在孩子的生活和親子間的連結，而這些練習可以幫助你將每一章學到的觀念應用到生活與關係之中。在孩子的成長過程中，他們的大腦可說是父母大腦的「鏡像」。換句話說，**父母自身的成長和發展、停滯和衰退，都會影響孩子的大腦**。當父母變得更明智、情緒更健康，孩子也會從中受益，越來越健康。整合和培育你自己的大腦，是你能給孩子最深情、最慷慨的禮物。

另一個希望你覺得受用的，就是附錄二的「0～12歲全腦情緒教養手冊」。這個部分根據孩子的年齡層，提供實踐書中概念的精簡摘要。本書中的每一章都經過設計，幫助你立即應用各章的概念，針對孩子在不同年齡層與心智發展階段提出多項建議。不過，為了讓父母更方便使用，附錄二根據孩子的年齡層將書中的建議分門別類，例如，身為幼兒的母親，你能夠很迅速地找到如何整合孩子左右腦的提示；爾後，隨著孩子逐漸成長，每到一個新年齡層都可以回到書中檢視孩子新階段的相關範例與建議。

此外，附錄一「全腦情緒教養12法」簡明扼要地總結了本書最重要的觀點。你可以把這幾頁影印下來貼在冰箱上，讓每位家庭成員和你一起為孩子的健康成長努力。附錄二中的「0～12歲全腦情緒教養手冊」，也提供了簡便的操作指南。

希望你能體會到，在本書的寫作過程中，我們時時刻刻考慮著你的感受，盡力讓本書通俗易懂。既是科學研究者又是父母的我們，在強調正確、清晰、實用和簡便易行的同時，也竭盡全力給你最新、最重要的資訊。雖然本書絕對是以科學為出發點，但不會讓你覺得身處科學課堂或是在閱讀學術論文。是的，本書的確關乎腦科學，而我們也絕對謹守研究與科學的論證。但是我們將用最開門見山的方法與你分享這樣的資訊，而非將你排除在外。兩位作者畢生致力於歸納繁複而重大的大腦科學知識，好讓父母能夠理解，並能立即運用在與孩子的日常互動之上。所以不要被大腦相關資料給嚇著了，我們認為你會覺得這類資訊很有趣，而大部分的基礎概念其實相當簡單，易於理解，也容易運用。（如果你對我們敘述的細節背後的科學理論有興趣，不妨參考本書作者之一丹尼爾的著作《第七感》（*Mindsight*）和《人際關係與大腦的奧秘》（*The Developing Mind*）。）

感謝你和我們一起走過這段旅程，本書將使你的孩子變得更幸福、健康、完善。了解大腦的運作方式後，你將更懂得應該教給孩子什麼、如何回應，以及背後的原因。你教給他們的將不再只是生存之道。通過不斷幫助孩子整合大腦，你在日常生活中面臨的教養危機也會減少。不僅如此，對整合的理解能夠讓你更加了解孩子，更從容地面對困境，更有意識地構築愛與幸福的基礎。因此，不僅孩子（不論現在還是未來）會生活得更好，你的整個家庭都會獲得無限的發展。

歡迎造訪我們的網站 www.wholebrainchild.com，告訴我們你的全腦情緒教養經驗。期待你的回饋！

CHAPTER 1

孩子的大腦發展，你了解嗎？

教養最富挑戰性的時刻，往往就是孩子的大腦處於分裂狀態的時候。整合就是讓大腦協調運作。父母為孩子提供的體驗，能幫助他們整合大腦，使他們免於混亂與刻板的狀態，保持心理健康。最終，孩子的情感、才智和社交能力都會得到很大的發展。

一般來說，父母對孩子的生理知識大多都瞭若指掌：他們知道體溫高於37　代表發燒；知道孩子受傷時要及時清理傷口，防止感染；知道哪些食物會讓孩子直到睡前還興奮不已。

然而，即使是最有愛心、最有學識的父母，往往也都缺乏兒童大腦方面的常識。這難道不奇怪嗎？更何況大腦在孩子每一個重要的面向幾乎都扮演著關鍵的角色：遵守紀律、制定決策、培養自我意識、提高學習能力、發展人際關係等。事實上，大腦幾乎決定了我們是誰以及我們會做什麼。值得注意的是，由於孩子的大腦是由父母帶給他們的經驗和感受所塑造的，所以，**了解教養的方式如何影響孩子大腦的發育，可以幫助我們培育出健康快樂的孩子。**

本書將介紹「全腦情緒教養」的概念，並解說一些關於大腦的基本概念，幫助你更為簡易有效地教養孩子，讓艱辛的教養之路變得平坦且充滿歡樂。雖然我們不能幫你解決所有教養的難題，但是**藉由了解幾個易於掌握的基本原則，你將更容易了解孩子，增強孩子面對困境的能力，從而更能夠適應社會，為孩子的情感與心理健康的發展打下基礎。**我們將以簡明易懂的方式呈現複雜的腦科學知識，協助你塑造孩子的大腦，為他帶來一生的幸福。

複述故事

某天，小學校長瑪麗在上班時接到電話，得知兩歲的兒子馬可和保母出了車禍。馬可沒事，但保母被救護車送進了醫院。

瑪麗發了瘋似地趕到事故現場，得知原來是保母開車時突然癲癇發作，導致車禍。一名消防隊員正在安慰她的小寶貝，但是沒有用。她走上前去把馬可抱在懷裡，馬可立刻安靜了。

馬可一停止哭泣，就向媽媽敘述事情的經過。他用兩歲兒童的語言（只有父母和保母聽得懂的語言）不斷重複著「咿呀嗚嗚」。「咿呀」指的是「蘇菲亞」，他親愛的保母的名字；「嗚嗚」指的是救護車。馬可反覆向媽媽唸著「咿呀嗚嗚」，強調對他來說最重要的一件事：蘇菲亞離開了他。

在這種情況下，很多父母會對孩子說：「蘇菲亞不會有事的！」他們安慰孩子之後，就會試圖轉移孩子的注意力：「我們去買冰淇淋吧！」接下來幾天，他們會盡量迴避討論這次事故，以免孩子覺得難受。像「我們去買冰淇淋吧」這種做法帶來的問題是，孩子會困惑到底發生了什麼以及為什麼會發生，他還深陷在強烈的驚慌情緒中，但是卻沒有人告訴他，也沒有人幫助他運用有效的方法來處理這種情緒。

瑪麗沒有犯這樣的錯誤，她上過本書作者蒂娜關於大腦和教養的課程，馬上學以致用。當天晚上和接下來的幾週，馬可時不時就會回想起車禍的場景，這時瑪麗就會幫助他一遍又一遍地複述這個故事。她對馬可說：「你和蘇菲亞出車禍了，是嗎？」馬可就會搖晃兩條手臂，學蘇菲亞病發的情形。接著瑪麗繼續說：「是的，蘇菲亞生病了，她開始晃來晃去，然後兩輛汽車就撞在一起了，對嗎？」馬可接下來的反應當然是熟悉的「咿呀嗚嗚」，瑪麗就會跟著重複：「對了！『嗚嗚』來了，它把蘇菲亞帶去看醫生了。現在她已經好多了，我們昨天還去看過她對不對？」

瑪麗藉著讓馬可複述故事，幫助他了解發生的事情，並處理了自己的情緒。瑪麗知道，幫助兒童的大腦處理可怕的經歷很重要，所以她協助兒子一遍遍地複述故事。這種方式讓馬可化解了恐懼，繼續過平靜的生活。接下來的幾天，馬可提起這次事故的次數越來越少，雖然對他來說這件事還是很重要，但最終它就只是一次生活經驗而已。

讀了以下的內容，你就會明白瑪麗為什麼要這樣做，也會明白為什麼這樣做從實際生活和神經學角度來說，對小孩都很有幫助。你可以在很多地方運用這些新知識，教養起孩子來將更為得心應手、更有效果。

瑪麗採取的處理方法，重點在於**整合**，而這也是本書的核心概念。對整合的清晰認識會給你力量，徹底改變你的教養觀念，使你更加欣賞孩子，並為他們將來心靈富足而富有意義的生活打下更好的基礎。

整合大腦

大多數人都沒有意識到大腦分成很多部分，各自有不同的功能。例如，左腦幫助你進行邏輯思考並組織成句子，而右腦幫助你感受情緒和解讀非語言訊息。「爬蟲動物腦」讓你做出本能的行為和存亡一線的抉擇，而「哺乳動物腦」引領你與人連結、發展人際關係。大腦中有一塊區域專門處理記憶，還有一塊區域負責做出道德和倫理方面的決定。幾乎可以說，大腦有多重人格——有理性，有非理性；有深思熟慮，也有本能反應。難怪我們在不同的時候表現得甚至不像同一個人！

大腦良好運作的關鍵，是讓各個部分協同運作，也就是整合。整合需要大腦的不同部分做為一個整體來運作，就像雖然身體的不同器官執行不同的功能，比如肺主呼吸、心臟提供血液、胃負責消化，但是為了健康，這些器官要一起工作。換句話說，它們既需要各自單獨執行任務，又需要團結成一個整體。整合很簡單，就是連接不同的「零件」，使之成為一個運轉良好的「機器」。就像健康的身體，只有各個部分協調運作，大腦才能運轉良好。這便是整合的作用，協調並平衡大腦中相互連結、卻又各自分離的部位。

孩子的大腦沒有整合的時候，是非常明顯的：情緒讓他們不堪負荷、困惑、混亂、暴躁不安、無法處理手邊的情況、崩潰，甚至攻擊他人，很多家長在教養過程中都經歷過這些情況，原因就是孩子的大腦缺乏整合，也稱做分裂。

我們要幫助孩子整合大腦，這樣他們就可以協調地發揮整個大腦的功能。例如，如果孩子大腦**橫向整合**得很好，左腦就可以和右腦協調運作——左腦負責邏輯，右腦負責情緒。如果**縱向整合**得很好，上層大腦就可以和下層大腦協調運作——上層大腦三思而行，下層大腦則與衝動、直覺和求生本能有關。

當大腦整合真的發生時，是令人驚異的，但大多數人都沒有意識到。近年來，科學家發展了腦部掃描技術，研究人員正在用前所未有的方法研究大腦。這項新技術證實了很多我們對於大腦的既有認知，除此之外，還有一個令人驚喜的發現，撼動了神經科學的基礎：大腦是「柔軟的」，或者說是「具有可塑性」的，這意味著大腦的生理變化貫穿人的一生，而在此之前，人們認為大腦的變化僅僅發生在兒童階段。

大腦整合

指大腦的不同分區協調運作，是大腦良好運行的關鍵。整合包括橫向整合（左腦和右腦的整合）和縱向整合（上層大腦和下層大腦的整合）。

重建大腦迴路

那麼，是什麼塑造了我們的大腦呢？**經驗**。甚至到了老年，經驗也仍然在改變大腦的生理結構。每經歷一次經驗，某些腦細胞（也就是神經元）就會被啟動，或者說「開火」（fire）。大腦有上千億個神經元，每一個都與其他上萬個神經元相連結。哪些特定的迴路被啟動，決定了我們的心理活動有怎樣的特質，包括感知、形象、聲音到更抽象的思考和推理等多個方面。當神經元一起被啟動，神經元之間就會開拓出新的連結。久而久之，神經元啟動的結果，就是大腦「重建皮質迴路」（rewiring in the brain）。這個振奮人心的消息令人難以置信，這意味著大腦現在的工作方式並不會一直如此，我們可以開拓新的大腦迴路，可以更加快樂幸福——不僅僅是兒童和青少年，對於正在跨越生命不同階段的每個人來說也是如此。

現在，孩子的大腦正在不斷地「建立迴路」和「重建迴路」，你給孩子的經驗經過漫長的過程，最終形成孩子的大腦結構。很有壓力，對不對？別緊張，只要給予適當的食物、睡眠和刺激，大腦天生的基礎結構就會發展得很好。基因對人的外在形象，特別是氣質，有重要的影響。但是發展心理學多個領域的研究結果都顯示，我們周遭所發生的一切，包括聽的音樂、愛的人、讀的書、接受的訓練、感受的情緒，都深深影響了大腦的發展。換句話說，父母們大有可為，他們所提供的經驗可以為孩子塑造靈活、整合良好的大腦。

舉例來說，如果父母經常與孩子討論他們的經驗，孩子就能夠記得更清楚，也會具備更高的情緒智商（EQ），更能夠理解自己與他人的感受。對於害羞的孩子，如果父母支持並鼓勵他們去探索世界，便能夠培養孩子的勇氣，改善壓抑情感的行為；反之，過度保護或者不顧孩子的感受強行將他推入焦慮的情境，不給予支持，那麼孩子往往還是一樣害羞，無法改變。

兒童發展研究有個觀點：父母為孩子提供的經驗，可以直接塑造孩子正在生長的大腦。神經可塑性領域的新發現同樣支持這一觀點。舉例來說，連續幾個小時盯著螢幕打電動、看電視、發簡訊，會以某種特定的方式重建大腦迴路；學習、運動、音樂又會以另一種方式重建大腦迴路；和家人朋友在一起，參與人際關係，尤其是面對面的互動，又是另外一種重建大腦迴路的方式。也就是說，生活中發生的一切都會影響大腦發展的方式。

建立大腦迴路和重建大腦迴路的過程，就是整合的過程，也就是讓孩子的經驗創造大腦各個部分之間的連結。當大腦各部分協調運作，它們就會創建並強化彼此間的整合纖維。這樣，連結會更加牢固，大腦運作更加和諧，好比合唱團中的歌手可以用不同的嗓音唱出和諧的和聲，但這單憑任何一個人都無法獨力完成。整合之後的大腦功能遠比整合之前多許多。

這就是我們想為每個孩子做的事：幫助他們整合大腦，充分開發他們的潛能。這也正是瑪麗為馬可做的，她幫助馬可一遍遍地複述故事（咿呀嗚嗚），化解他右腦的恐懼和痛苦，使他擺脫情緒的控制。同時，這樣做也是從馬可的左腦提取事實的細節和邏輯（左腦在孩子兩歲的時候剛剛開始發育），讓他能用自己可以理解的方式來看待那次事故。

如果馬可沒有母親幫助他講述並理解這個事故，他的恐懼就會遺留下來，將來以別的形式浮出水面。他可能會一坐車就感到害怕，或者與父母分離就感到恐懼，也可能是他的右腦以別的方式爆發到失控的狀態，讓他經常發脾氣。然而瑪麗卻藉由和馬可講述故事，讓他把注意力集中在事實細節和他的情緒，讓孩子同時使用左右腦，加強兩者的連結。我們會在第二章詳細說明這個概念。透過幫助孩子將大腦整合得更好，馬可得以掙脫恐懼與壓力，恢復成正常的兩歲孩子。

大腦可塑性

父母為孩子提供的經歷，可以直接塑造孩子正在成長的大腦。生活中發生的一切，都會影響大腦發育的方式。

讓大腦慢慢發育

讓我們再來看一個例子。成年後的你，還會和兄弟姊妹搶著去按電梯按鈕嗎？當然不會。但是你的孩子會因為這類問題吵架鬥嘴嗎？正常情況下，他們肯定會。

為了研究這種差異背後的原因，讓我們回到大腦整合上。手足競爭跟其他教養問題（像是發脾氣、不聽話、不寫作業、不守規矩等）一樣，也讓父母覺得很棘手。在接下來的章節中，我們會進一步解釋，這些父母們每天都會遇到的挑戰，正是由於孩子的大腦缺乏**整合**。而缺乏整合的原因很簡單：時候未到。事實上，在二十五歲之前，人的大腦都不能算發展成熟，這是一段漫長的旅程。

所以，你必須等待孩子的大腦慢慢發育。不管孩子在學齡前有多麼聰明，他不會擁有十歲孩子的大腦，而且幾年之內都不會。大腦成熟的速度主要受基因的影響，但整合的程度是可以透過一天天的教養去影響的。

幸運的是，你在平時就可以影響孩子的大腦走向整合。首先，你可以尋找機會鍛鍊孩子大腦發展需要的不同要素。再來，你可以促進孩子大腦的整合，這樣孩子大腦的不同部分就會連結得更加緊密，以有力的方式攜手並進。這並不是要讓你的孩子快快長大，只是幫助他們發展大腦並整合不同的區域。我們也不想讓你（和孩子）筋疲力盡，為每一次經驗賦予重要性和意義，只是希望你陪伴孩子，幫助他們將大腦整合得更好。這樣一來，他們的情緒、智力和社交能力都會得到很大的發展。整合了大腦，便能取得優異的學業成績、提升決策能力、駕馭身體和情緒、更全面地認識自我、與他人建立更穩固的關係，而這些都源自父母為孩子提供的經驗，這是大腦整合和心理健康的根基。

整合，就是保持在中央，遠離混亂與刻板

無論是兒童還是成人，在整合狀態下是什麼樣子呢？如果一個人身心整合得很好，心理自然健康、生活也幸福。但其實整合狀態很難明確定義，事實上，圖書館裡有很多書都寫滿了關於心理疾病的討論，卻很少有心理健康的定義。我首先提出「心理健康」的定義，這一定義已得到全世界研究人員和心理治療師的認可。這個定義基於整合的概念，參考了對於人際關係和大腦的複雜動力的理解。簡言之，心理健康就是有能力使自己保持在一條「幸福之河」的中央（見圖1-1）。

想像一條寧靜的河流穿過鄉間，這就是你的幸福之河。每當乘坐獨木舟安靜地在水裡飄蕩，你就覺得自己和周遭的世界融為一體。你對自己、他人和自己的生活都有清晰的認識，當環境改變時你可以靈活地調整，使自己保持在平靜的水中央。

不過，有時你飄飄蕩蕩，離河岸太近了，就會產生兩種不同的問題——取決於你靠近哪一邊的河岸。一邊代表混亂，你會感到失控，不再漂浮在平靜的河中央，而是陷入湍急的河水，被困惑和焦慮包圍。你需要遠離混亂的河岸，重新回到水流平緩的河中。

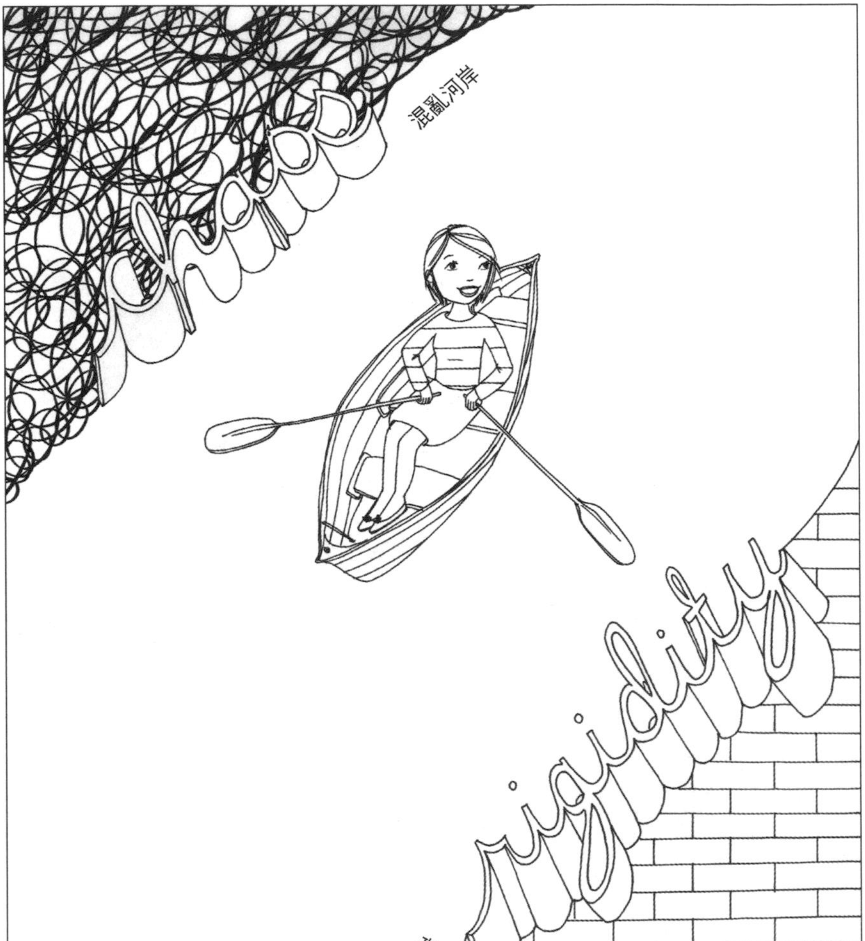
混亂河岸
chaos
rigidity
刻板河岸

圖 1-1　幸福之河

但是不要走太遠，因為另一邊的河岸也有危險。這是刻板的河岸，是混亂河岸的對岸。和失控相反，刻板是指強行控制周圍的每一個人和每一件事。你完全不願意改變、妥協或與人商量。在刻板河岸附近，水流似乎是靜止的，但岸邊叢生的蘆葦和樹枝會阻礙你回到幸福之河的中央。

因此，一個極端是混亂，完全失去控制；另一個極端是刻板，有太多的控制，缺乏靈活性和適應性。我們總是在兩岸間來回移動，尤其是我們學著做父母的時候。越接近混亂或刻板的河岸，我們就離健康的心理和情緒越遠。避開河岸的時間越長，就越能夠享受河水的寧靜。很多成年人都是這樣前進的，時而在平靜中感受和諧，時而混亂，時而刻板，時而在混亂與刻板之間來回往返。和諧在整合中產生，整合受阻時，混亂和刻板就會出現。

這個道理也適用於我們的孩子，他們有自己的小獨木舟，在自己的幸福之河中順

幸福之河

在一條平靜的河流之中，你乘坐獨木舟安靜地順流而下，覺得自己和周圍的世界融為一體，這就是幸福之河。河兩岸分別是混亂和刻板，無論靠近哪一邊，都不能得到平靜和幸福。

流而下。教養的挑戰，通常就是因為孩子不在水流中央，要嘛太混亂，要嘛太刻板。三歲的孩子在公園裡不肯與人分享玩具船（刻板），或是他的新朋友把玩具船拿走時，他會嚎啕大哭，亂扔沙子（混亂）。你完全可以引導孩子回到幸福之河中央，進入和諧狀態，避免混亂和刻板。

大一點的孩子也會這樣。你的孩子上五年級了，平時容易相處，卻會因為沒有得到在學校演出中獨唱的機會而歇斯底里地大哭起來。他完全無法平靜下來，不斷地告訴你在整個年級裡他的嗓音最好。事實上，他在混亂和刻板的河岸間來回往返，他的情緒顯然已經控制了理智，所以他拒絕承認別人比他唱得好。你可以引導他回到平靜的水流之中，讓他的內心更加平衡，進入更為整合的狀態。（別擔心，我們會提供很多方法。）

混亂和刻板幾乎充斥在日常生活之中。你會驚訝地發現，**了解混亂和刻板的概念可以幫助你理解孩子最令人費解的行為。這些概念可以幫助你隨時掌握孩子的整合程度。如果你看到孩子表現出混亂或刻板的行為，就知道他的大腦沒有完全整合。**同樣的，當他大腦整合良好時，他將展現出擁有健康心理和情緒的特質：有彈性、適應力強、情緒穩定，並且能夠理解自己和周遭的世界。強大且實用的全腦整合法，讓我們看到孩子或我們自己在整合被打斷時，所表現出來的混亂和刻板。一旦意識到這一點，我們便可以制定有效的策略促進孩子和我們自己的整合。這些策略可以運用在日常生活的每一天，在後面的章節中會有進一步的探討。

CHAPTER 2

整合分裂的左右腦

讓孩子學會管理情緒

孩子在成長過程中，都是右腦占主導地位，因而他們完全活在當下，不理會外在的一切；然而若只使用左腦，孩子就會變得過於理性、沒有感情。通過聆聽與關注、經歷分享，認清孩子的情緒狀態，幫助他們把左右腦結合起來，用左腦的邏輯平衡右腦的強烈情感。一旦學會正確處理情緒，孩子就能變得更快樂。

托馬斯四歲的女兒凱蒂非常喜歡上學，每次送她上學離開時，她從來沒哭鬧過。有一次，她在學校生病了，老師打電話給托馬斯，托馬斯就把凱蒂接走了。第二天要去上學的時候，凱蒂開始哭鬧，但之前她還好好的呢。接下來的幾天，每天早晨都會發生同樣的狀況，就算托馬斯在哭鬧與反抗中好不容易給她穿上了衣服、哄她去上學，到了學校情況還是會變得更糟糕。

在學校的停車場下車之後，凱蒂就會越來越「反常」。等到進入學校大樓時，她就會出現一種「非暴力的不合作行為」。她緊挨著爸爸走，不知怎的，小小的身體變得比鋼琴還重。在她的反抗之下，托馬斯只好拖著她一步步走向教室。到了教室，她把托馬斯抓得更緊，最終使出經典的「力量集中式」——把所有的重量都壓在爸爸腿上。當托馬斯終於逃出凱蒂的「魔掌」，退出教室時，他聽到女兒歇斯底里的叫聲：「你走了我會死！」

這是十分常見的幼兒分離焦慮。學校有時是個非常可怕的地方，但是托馬斯很納悶：「凱蒂生病前非常喜歡學校，她絕對是為學校而生的。她熱愛學校裡的活動，喜歡和同學交朋友、愛講故事，還很崇拜她的老師。」

那麼，究竟發生了什麼？為什麼一場病就製造出凱蒂如此極端、不可理喻的恐懼情緒？托馬斯該怎麼回應？他的首要任務就是想辦法讓凱蒂心甘情願回去上學，這是他的「生存」目標。**但是他也希望把這次棘手的經驗轉變成一次機會，不僅要解決凱蒂目前**

的問題，還要能促進女兒長期的發展，這是他的「發展式教育」。

稍後我們會回到托馬斯面臨的問題，看他怎樣運用大腦基礎知識，讓僅僅滿足最低要求的生存時刻，變成幫助孩子獲得無限發展能力的好時機。他很了解我們接下來要說明的知識：左右腦運作的簡單原理。

左腦和右腦運作的原理

你可能已經知道大腦分成左右兩個部分，這兩個部分不僅在解剖學上是分離的，在功能上也非常不同。有人甚至認為，左右腦有各自獨特的「個性」，都有「自己的想法」。科學界指出，大腦影響我們的方式有「左腦模式」和「右腦模式」（見圖2-1），但為了方便起見，我們將用通俗的說法討論左腦和右腦。

左腦熱愛並渴望秩序，是邏輯的、求實的、語言的和線性的，而右腦是全面的、非語言的，它發送並接收信號，讓我們能夠溝通。這些信號包括臉部表情、眼神接觸、語調、身體姿勢和手勢。右腦不關心細節和秩序，只關心整體的場景（即一次經歷的含意和感受），並專門處理腦海中的影像（image）、情緒和個人記憶。「直覺」或者「發自內心的感覺」就源自右腦。有人說右腦更加直觀和感性，在接下來的篇章中，我們將利用這些詞彙來討論右腦的功用。不過，請記住，從技術層面上來說，「直覺」或者更

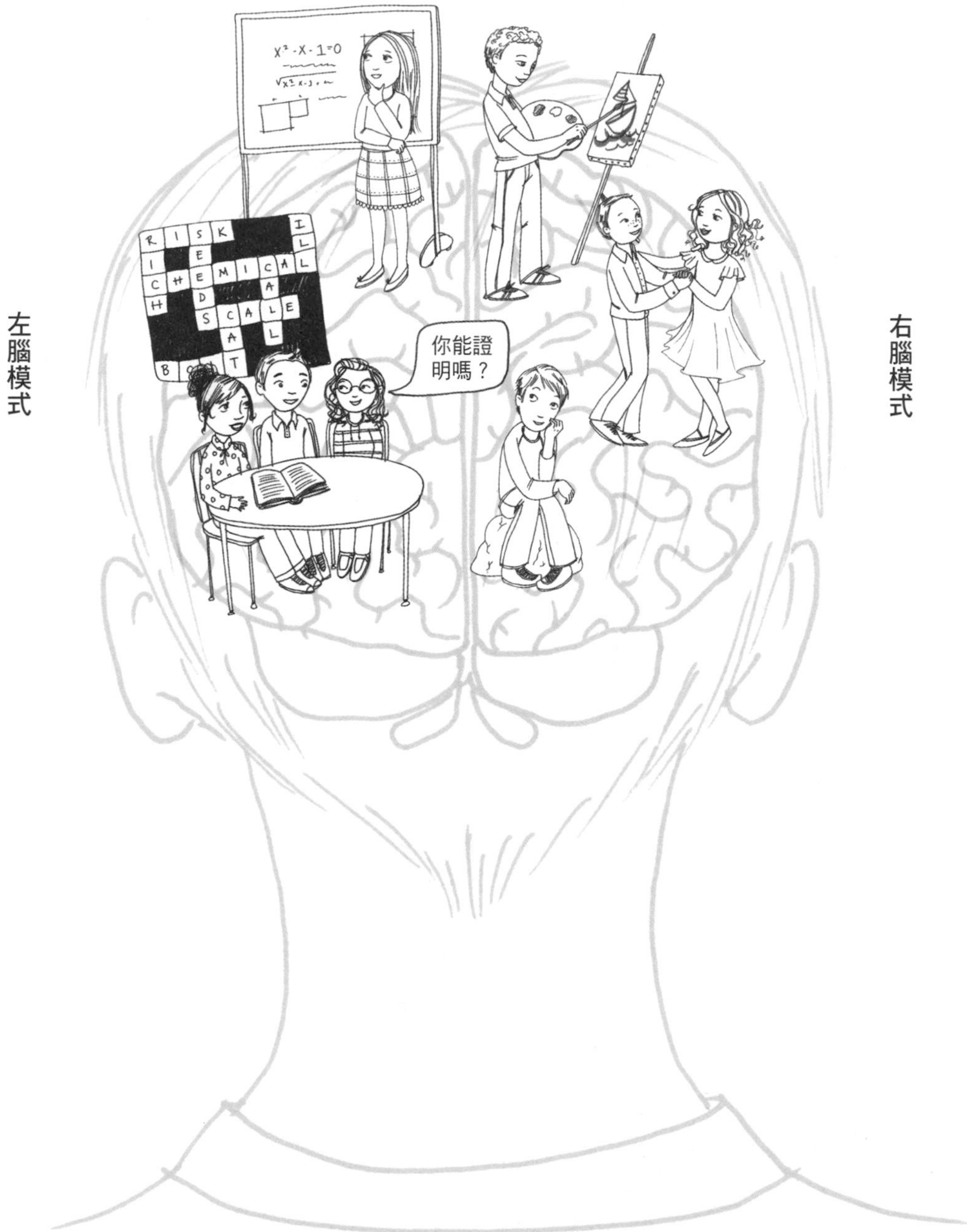

圖 2-1　左腦模式和右腦模式

直接地受到身體和大腦底端區域的影響，這部分負責接收和解讀情感資訊。簡單地說，就是左腦是邏輯的、語言的和求實的，而右腦是情感的、非語言的、經驗化的和自傳式的。

你可以這樣想，左腦關心法律條文。隨著孩子慢慢長大，他們會變得非常擅長使用左腦來思考：「我沒有拉她，我是推她！」而右腦關心法律精神，注重人際關係中的情感和體驗。左腦關注文字，右腦關注語境。正是感性的右腦促使凱蒂朝父親大喊：「你走了我會死！」

在兒童成長過程中，尤其是三歲以前，右腦占據主導地位。他們還沒有掌握用邏輯和文字來表達感受的能力，完全活在當下，這也解釋了為什麼他們會毫無顧忌地蹲在人行道上看小甲蟲爬行，或者上課遲到了也毫不內疚。邏輯、責任，還有時間觀念，對他們來說還不存在。但是當一個孩子開始不停地問「為什麼」時，你就知道他的左腦開始運轉了，因為左腦想知道世間萬物線性的因果關係，並用語言把邏輯表達出來。

左腦和右腦

左腦熱愛並且渴望秩序，是邏輯的、求實的、語言的和線性的。而右腦是全面的、非語言的，它發送並接收臉部表情、眼神、語調等信號，使我們得以和他人溝通。

連結左右腦

若要讓生活和諧、有意義、建立良好的人際關係，關鍵就在於左右腦協同運作，而大腦結構也是這樣設計的。例如，胼胝體纖維束沿著大腦中樞連接左腦和右腦，左右腦透過纖維產生交流，做為一個整體運作——這正是我們希望在孩子身上發生的。我們希望他們的大腦橫向整合，這樣左右腦便能協調地配合。如此一來，孩子會同時正視自己的邏輯和情緒，將兩者平衡得很好，便能夠理解自己和這個世界。

大腦之所以分成左右兩部分，是因為每一部分都有專門的功能，我們因此可以達成更複雜的目標，執行更為困難的任務。當大腦不能整合或者我們只從某側大腦獲取經驗時，就會出現問題。只使用左腦或右腦，就像只用一隻手臂游泳——只用一隻也不是不行，但是兩隻手臂一起用，不是更能夠直達目標、更容易成功嗎？

大腦也是同樣的道理。以情緒來說，如果我們希望活得更有意義，情緒絕對不可或缺，但是我們不希望生活完全被情緒控制。如果我們被右腦接管而忽視左腦的邏輯，便會覺得自己被淹沒在想像和身體的感覺之中，情感氾濫。同樣，我們也不希望只運用左腦，而把邏輯和語言從感受和個人體驗中剝離出來，那樣我們會感覺生活在情感的荒漠中。

我們的目的就是避免情感氾濫或情感荒蕪。我們希望腦中非理性的影像、親歷式記憶（autographical memory）和對我們而言至關重要的情緒都能夠發揮作用，同時也希望它們能夠和秩序、結構的部分整合。當凱蒂被爸爸留在學校、情緒失控時，她的行為主要靠右腦支配。結果，托馬斯目睹了一次非理性的情感氾濫，凱蒂情緒化的右腦沒有和她邏輯化的左腦協調運作。

這裡有一點很重要：**不是只有情緒氾濫會造成問題，忽視或否認情感也會導致情感荒蕪，和情緒氾濫一樣會造成一些問題。**這類問題更常發生在年齡較大的孩子身上。以下是一位十二歲女孩的故事，我們很多人都有過這種經驗：

阿曼達和她最好的朋友發生了爭執。我們從她母親那裡得知，這場爭執在當時對她來說非常痛苦。然而談論起這件事情的時候，她卻只是聳聳肩，盯著窗外，說道：「我真的不在乎，但我們不會再說話了，因為她把我惹毛了。」

她的表情冷漠而平靜，但是從她微微顫抖的下唇和細微的眨眼中，我能感覺到她右腦的非語言信號在揭示她的真實情緒。拒絕承認是痛苦的，在這個時候，阿曼達處理脆弱情感的方式就是退回到左腦，退回到她貧瘠（但是可預期且可控制的）、情感荒蕪的左腦。

我要讓阿曼達明白，即使回想起和朋友的衝突非常痛苦，她還是需要注意，甚至尊重在她的右腦裡發生的事情，因為右腦更直接地與身體感官知覺以及來自下層大腦的感受相連，兩者共同創造了情緒。因此，所有來自右腦的畫面、感覺和自傳式記憶都充滿了感情。傷心的時候，我們往往會從不可預期的覺察式右腦中撤退，退回到可預期、可控制的邏輯式左腦中，這樣我們就會覺得更安全。

幫助阿曼達的關鍵在於，要溫和地感受她真實的感受。我沒有直接指出她對我，甚至是對自己的隱瞞，也沒有指出她生命中重要的人如何傷害了她。相反的，我讓自己去感受她的感受，試著讓我的右腦去和她的右腦溝通。藉由我的表情和姿態，讓她知道我真的希望能夠體會到她的情緒。這種感同身受能夠幫助她去「感受自己的感覺」，讓她知道自己並不孤單——我關心她的內心體驗，而不只是外在表現。一旦建立了連結，語言對彼此來說就會變得更加自然，我就可以慢慢進入她的心裡去看到底發生了什麼。

透過讓阿曼達講述她和最好的朋友之間的爭執，並且注意她在述說時的停頓，觀察她微妙的情緒變化，我將阿曼達再次引入她真實的情緒之中，並幫助她以建設性的方式處理這些情緒。這就是我嘗試既和她右腦中的畫面、感受和身體感官知覺連結，又跟她左腦的語言、敘述經驗的能力相連結的過程。一旦了解了左右腦的運作機制，我們就能明白，整合這兩者將會徹底改變互動結果，以及這種徹底改變是如何實現的。

我們不希望孩子受到傷害，同時也希望他們不僅熬過生活中的困境，還能面對困難並得到成長。當阿曼達退回到左腦，逃避右腦中翻湧的痛苦情緒時，她就拒絕了自己需要承認的一部分重要的自我。

刻板的左腦

否認情感不是我們太過依賴左腦的唯一危險，我們也可能變得太過刻板，缺乏對不同觀點的辨識度，喪失用脈絡來解讀事件的能力（這是右腦的特長），而錯失其中的意涵。正因如此，有時你對八歲的孩子開個善意的玩笑，都可能引起他的防禦和憤怒。記住，右腦負責解讀非語言訊息，尤其是孩子累了或情緒不佳時，他可能只會注意到你話語中的字面意思，卻不會注意到你開玩笑的語氣，就算你還在對他眨眼睛，他也會視而不見！

蒂娜最近遇到一件有趣的事，說明了刻板的左腦完全支配大腦時，會產生怎樣的結果。她去蛋糕店替剛滿一歲的兒子訂了一個蛋糕。她想要一個「杯子蛋糕做成的蛋糕」，就是用糖霜把好多個杯子蛋糕黏在一起，看起來像一個很大的蛋糕。她告訴蛋糕師傅，要把兒子的名字「JP」寫在杯子蛋糕上。結果，她在生日派對之前拿到了圖 2-2 這個蛋糕。

當蒂娜告訴蛋糕師傅，她要「將『JP』寫在杯子蛋糕上」時，根本沒想到師傅會這麼死心眼，如此左腦化地解讀她的話。

促進孩子大腦的橫向整合

我們的目標是幫助孩子學會同時運用左腦和右腦——把左右腦結合起來。還記得幸福之河嗎？河兩岸分別是混亂和刻板，保持心理健康，就是保持在這兩條河岸之間和諧的水流中央。幫助孩子連結左腦和右腦，能夠給他們更多避開混亂和刻板河岸的機會，生活在健康、幸福且不斷流動的河水之中。

整合左右腦，可以確保孩子不會離兩岸太近。如果右腦的情感沒有與左腦的邏輯結合，就會像凱蒂一樣漂向混亂的河岸。這意味著我們需要幫助孩子從左腦獲取一些觀點，並積極地處理情緒。否則，就會像阿曼達那樣，一旦否認情緒並躲回左腦中，就會撞上刻板的河岸。這時候，我們就要幫助孩子邀請右腦多多參與，這樣他們就可能接納新的資訊和經驗。

圖 2-2　典型的左腦刻板：JP 在杯子蛋糕上

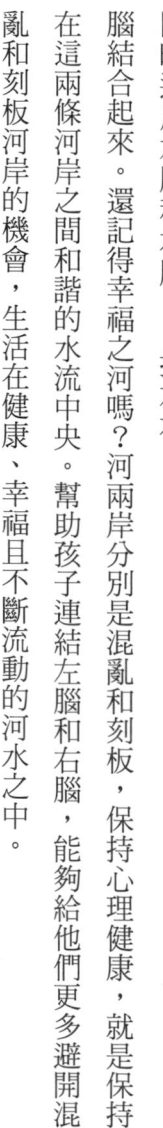

那麼，要如何才能促進孩子大腦的橫向整合呢？以下我們將教你兩招。當「整合時機」出現時，你就可以立刻進行對孩子左右腦的整合之旅。

爸媽可以這樣做：

幫助孩子整合左右腦

全腦情緒教養 第1法

用右腦聆聽關注，再用左腦重新引導：安然度過情緒風浪

一天晚上，蒂娜七歲的兒子剛回房睡覺又馬上跑到客廳去，說自己睡不著。他煩躁地說：「我要瘋了，妳從來沒有在半夜留紙條給我！」蒂娜對這個非比尋常的情緒爆發感到驚訝，回應說：「我不知道你想要我留紙條呀！」兒子回以一串連珠炮似的抱怨：「妳從來都沒有對我好過！我要瘋了！我的生日還有十幾個月才到呢，而且我討厭寫作業！」

這有邏輯嗎？沒有！聽起來耳熟嗎？當然！所有父母都會經歷這種情況，孩子說了一大堆聽起來毫無意義但讓他們心煩意亂的問題。這種情況足以讓人沮喪，尤其是當你以為孩子已經長大、不再亂發脾氣的時候。突然間，一些可笑的小事卻讓他煩躁得不可理喻，而你似乎完全幫不上忙。

基於對左腦和右腦的了解，我們可以得知此時蒂娜兒子的右腦情緒正劇烈地波動，且缺乏左腦邏輯的平衡。面對這樣的情況，最徒勞的反應可能是急切地自我防衛（我明明對你很好），或者跟兒子錯誤的邏輯較勁（我也沒有辦法讓你的生日早點到；至於作業，那是你應該做的）。這種邏輯的左腦式反應會一頭撞上孩子抵制性的右腦磚牆，並在母子之間劃出一道鴻溝。別忘了，這種時候他的邏輯左腦已經消失了。所以，如果蒂娜採用左腦式回應，兒子就會覺得媽媽不了解他或者不關心他的感受。他正處在右腦非理性的情緒洪流中，左腦式回應是一個雙輸的辦法。

怎麼做才正確？

大多數父母的本能反應就是問孩子「你到底在說什麼」，或者要他立刻回去睡覺，但是蒂娜制止了自己。她運用了連結和引導策略。她把兒子拉到身邊，摸摸他的背，用安慰的語氣說：「有時候真的很難受，對不對？但你知道的，我永遠不會忽略你，你一直在我心裡，你要明白你對我來說是獨一無二的。」兒子在蒂娜懷裡解釋說，有時候他覺得弟弟得到媽媽更多的關注，而作業占用了他太多的課餘時間。在他說話的時候，蒂娜能夠感覺到他慢慢放鬆下來，態度也逐漸軟化。兒子感覺到媽媽在聆聽、關注自己。接下來蒂娜扼要地解釋了兒子剛才提出的那些問題，因為他現在比較願意去解決了，他們一致同意明天早上再說。

在這種時候，父母不清楚孩子是真的有需要還是只是拖著不去睡覺。全腦情緒教養並不代表讓孩子操縱你或是強化不良行為；恰恰相反，藉由了解孩子的大腦如何運作，你可以更快地與孩子合作，將衝突減到最低。蒂娜了解兒子的大腦發生了什麼事，所以她知道最有效的辦法就是與他的右腦連結。她用右腦聽兒子講話並安慰他，結果不到五分鐘兒子就回去睡覺了。然而，若是她運用左腦的邏輯和規則，嚴厲地訓斥孩子，他們兩人就都會更加不安，而兒子平靜下來回去睡覺的時間也將遠遠超過五分鐘。

更重要的是，蒂娜的回應充滿關愛。雖然對她來說，兒子的問題很傻、沒有邏輯，但他真的感覺到不公平，所以他的抱怨是正常的。透過右腦對右腦地與孩子連結，她便能讓孩子知道，她感受到了他的感受。即使他是在拖延上床睡覺的時間，右腦式回應也是最有效的方法，因為這不僅讓她滿足了兒子對連結的需要，也將他更快地引導回床上。蒂娜沒有跟兒子情緒的洪流對抗，而是藉由回應他的右腦，在洪流中衝浪。

這個故事給了我們一個重要的啟示：**孩子煩躁的時候，邏輯往往不管用，除非我們回應了他右腦的情感需求**。我們把這種情感連結稱為「感同身受」（attunement），也就是與另一個人深入連結，讓他「感到被理解」。當父母和孩子感受到對方的感受，就能體驗到所謂的連結。

蒂娜的做法叫做「聆聽與關注」，它先讓孩子「感到被理解」，再去嘗試理智地解決問題。以下我們來看看這個方法是如何起作用的。

步驟1　和右腦連結

我們在社會中接受的訓練是用語言和邏輯解決問題，但是當你四歲的孩子因為不能像蜘蛛人一樣在天花板上爬而極度憤怒的時候（蒂娜的兒子曾經如此），似乎不是幫他上物理課的好時機。或者你七歲的孩子因為覺得妹妹得到更好的待遇（我的兒子有時會這麼覺得）而感到受傷時，寫個記分牌來證明你對孩子們一視同仁，也不是正確的做法。

我們反而要利用這些機會，去認識到邏輯不是帶來理智對話的主要工具。這似乎有悖常理，不是嗎？但父母必須銘記在心的是，不論孩子的感覺在我們看來是多麼的荒謬和令人沮喪，它對孩子來說都是真實而重要的——我們也應該以同樣真誠和重視的態度做出回應。

在蒂娜與兒子的交談中，她承認他的感情，從而激發其右腦開始運轉。她還使用非語言溝通，比如身體接觸、感同身受的表情、關愛的語氣和不帶偏見的傾聽。換句話說，蒂娜用自己的右腦和兒子的右腦連結和溝通。這種右腦對右腦的溝通可以幫助孩子的大腦進入平衡或更加整合的狀態。接下來她開始對兒子的左腦工作，解決他提出的問題。也就是說，此時正是整合右腦和左腦的好時機，請看接下來的步驟2。

在回應孩子的右腦之後，蒂娜開始轉向左腦。她合理地解釋，努力地做到公平，並承諾兒子睡覺時留張紙條給他，和他一起籌畫下次的生日，並想辦法讓作業更有趣。這些工作他們當天晚上做了一部分，但大多是第二天做的。

一旦與兒子右腦對右腦地連結，「左腦對左腦連結」和理性處理問題就變得容易許多。蒂娜透過步驟1連結右腦，接下來便可藉由邏輯的解釋和規畫來引導孩子的左腦，讓他的左腦參與對話。這種方法能讓孩子以整合而協調的方式來使用左腦和右腦。

然而，這並不代表「聆聽和關注」永遠管用。畢竟有些時候，孩子只是度過一個不會再重現的情緒點，只需要衝過情緒的海浪直到風暴過去，或者只需要吃點東西或睡個好覺。你可能得像蒂娜一樣，等孩子達到更加整合的狀態後，再來理性討論他的感受和行為。

但是，不能只因為孩子無法邏輯思考，就一味縱容或輕易讓孩子突破底線。不能因為孩子的左腦還無法運作，就把尊重和規矩丟掉。例如，任何在家中的不恰當行為——舉止不敬、傷害他人、亂摔東西——在孩子情緒高漲時仍然應該制止。**你應該要制止孩子的破壞行為，把他拉到一邊，再進行聆聽和關注。**

最好在孩子平靜下來之後，再討論其不當行為及後果，因為孩子情緒爆發的時候並不是吸取教訓的最佳時機。孩子的左腦運作時更容易接受資訊，這時候立規矩也會更有效。這就好像你是下水去救孩子的救生員，在告訴孩子下次不要游這麼遠之前，你得先游向他、抱住

全腦情緒教養第1法　情境圖解

☹ 避免命令和要求

☺ 嘗試聆聽與關注

他並幫助他上岸。

在做這一切之前，最關鍵的是孩子淹沒在右腦情緒的洪流中時，如果你在引導他之前先與他連結，就是幫了你自己和孩子一個大忙。連結就像救生圈，能夠讓孩子的頭露出水面，並避免你被他在驚慌之下拉下水。

全腦情緒教養 第2法

為情緒命名：陪孩子把難過的經驗當成故事說出來

蹣跚學步的孩子跌倒擦傷了手肘、上幼稚園的孩子失去了心愛的寵物、五年級的孩子在學校被同學欺負……痛苦、失望或恐懼的感受會將孩子淹沒，強烈的情緒和身體感受充斥著孩子的右腦。這種情況發生時，父母的責任是引導左腦運轉，讓孩子明白到底發生了什麼。提高孩子大腦整合程度最有效的方法之一，就是幫他複述帶來恐懼或痛苦的經驗。

九歲的貝拉上廁所沖水時，馬桶壞了，水溢得滿地都是。貝拉不願意（實際上也不能）沖洗馬桶。她的爸爸道格知道「經歷分享」的方法，他陪女兒坐下來，複述水從馬桶裡溢出來這件事。道格讓貝拉盡可能詳細地講述這件事，並幫她補充細節，包括她心裡對沖馬桶揮之不去的恐懼。複述幾次之後，貝拉的恐懼逐漸減少了，最後終於消失了。

為什麼經驗分享這麼有效？從本質上來講，道格所做的，正是幫助女兒讓左右腦共同工作，讓她理解發生的事情。當她詳細述說水溢到地板上的情景以及她的擔心和害怕，她的左右大腦便是以整合的方式一起運作。她徵調左腦理順細節，並將經驗轉化為語言，接著引入右腦，重訪她的情緒。透過這種方法，道格幫助女兒講述她的擔心和害怕，這樣她就可以撫平這些情緒了。

如何引導孩子複述故事？

有時候孩子不願意說出經歷。我們要尊重他們的意願，讓他們自己決定什麼時候說、怎麼說，強迫他們說出來只會適得其反。想想你想要獨處、不想說話的時候，別人催促有用嗎？你反而可以溫柔地鼓勵他們，開個頭，請他們來補充細節；如果他們不感興趣，要給他們時間，之後再談。

若是策略性地開始這種談話，孩子就更可能給你回饋。首先要確保你和孩子都有好的心情。經驗豐富的家長和兒童心理治療師也會告訴你，比起坐下來面對面地請孩子分享心情，一邊做別的事情一邊跟孩子談話，效果會更好，比如在堆積木、玩卡片或騎車時，孩子更願意分享和討論。如果孩子不想討論，還可以採取其他辦法，比如讓他把這件事畫出來或寫下來。如果覺得他不願意跟你談，就鼓勵他跟別人談——朋友、其他成年人，甚至兄弟姊妹，都是很好的傾聽者。

複述的力量很強大，可以分散孩子的注意力或讓他們平靜下來，但是大多數人都沒有意識到這強大力量背後的科學原理。右腦處理情緒和自傳式記憶，左腦為情緒和記憶賦予意義。左右腦一起工作會治癒我們的痛苦經驗。一旦孩子學會關注並分享經驗，就能以健康的方式回應所有的事情——小至擦傷手肘，大到重大的失落或精神創傷。

孩子需要的，往往是理清事情經過，尤其是在他們體驗了強烈的情緒時，更需要有人幫助他們運用左腦搞清楚到底發生了什麼事。弄明白強大又可怕的右腦情緒，能讓他們有效地處理這些情緒。這就是說故事的作用：整合左右腦來理解自己和所處的世界。為了把故事複述得合乎情理，左腦必須用詞語和邏輯把事件整理好，右腦則致力於處理身體感官知覺、原始情緒和個人記憶，這樣我們才能看到事件的全貌，傳達自己的體驗。這正是寫日記和講述痛苦經驗具有強大治癒作用背後的科學原理。事實上，研究指出，光是為真實的感受命名或者貼標籤，就能讓右腦裡「情緒迴路」的活動平靜下來。

基於同樣的原因，對所有年齡層的孩子來說，複述故事都很重要，都能夠幫助他們了解自己的情緒和生活中發生的事。有時候父母會**迴避**談論令人苦惱的經驗，認為這樣做會強化孩子的痛苦或者讓事情變得更糟。其實，很多時候複述故事正是孩子們需要的，這不但可以讓他們搞清楚事件經過，還可以讓他們把注意力轉移到更好的事情上。還記得瑪麗的兒子馬可的故事嗎？我們總是本能地想弄清楚有些事為什麼會發生在自己身上，這促使大腦不斷嘗試去了解我們所獲得經驗的意義，直到成功為止。身為父母，我們可以透過講故事來促進這個過程。

這就像凱蒂尖叫著說，如果爸爸把她留在學校，她就會死，雖然這種狀況讓托馬斯感到沮喪，他還是壓制住了忽略和否認孩子感受的衝動，因為他意識到女兒的大腦把好幾件事情連在一起：被扔在學校、生病、爸爸離開她，還有感到害怕。因此一到該收拾書包上學時，她的大腦和身體就開始告訴她：「壞主意：學校＝生病＝爸爸離開＝害怕。」從這個角度看，她不想去上學是很合理的。

想到這，托馬斯便開始運用左右腦的知識。他知道像凱蒂這麼大的孩子是典型的右腦主導型，他們還沒有掌握用邏輯和文字表達感受的能力。凱蒂體驗到了強烈的情緒，卻無法清晰地理解並表達出來。結果情緒變得極為強烈。托馬斯也知道，自傳式記憶儲存在右腦，女兒生病的細節已經和她的記憶掛鉤，導致她的右腦超負荷運轉。

掌握了這些資訊，托馬斯就知道他要幫凱蒂做的，是讓她的左腦弄清楚這些情緒，理清事件的順序，並且將感受付諸語言。托馬斯採取的方法是幫助女兒講述生病那天發生的故事，這樣她就可以同時運用左腦和右腦。

托馬斯告訴凱蒂：「我知道有段時間妳不願去上學，這都是因為妳在學校生病了。我們試著來回憶妳生病那天。首先，我們準備好了去學校，對嗎？還記得嗎，妳想穿紅色的褲子。我們吃了藍莓鬆餅，接下來妳刷了牙。我們到了學校，然後擁抱著告別。妳開始在活動桌上畫畫，我揮手跟妳說再見。在我離開之後發生了什麼呢？」

凱蒂回答說她生病了。托馬斯繼續說：「對。而且我知道妳感覺很不舒服，但是老師把妳照顧得很好，她知道妳需要爸爸，所以打了電話給我，我馬上就到了。有老師在爸爸來之前照顧妳，這樣很幸運，對不對？然後又發生了什麼事呢？我照顧妳，妳覺得好多了。」托馬斯強調他立刻趕到了，而且一切都很好，他還向凱蒂保證，只要她需要爸爸，他會一直都在。

托馬斯把事件的過程理順，讓女兒明白她的情緒與身體正在經歷什麼。他接下來幫助她創建了一些新的聯想，表明學校是安全而有趣的，提醒她原本熱愛學校的一切。他們一起做了一本畫冊，透過寫字和畫畫講述了整件事，並重點介紹了教室裡她最喜愛的地方。和其他孩子一樣，凱蒂喜歡一遍遍地讀自己做的畫冊。

不久，凱蒂就重燃了對學校的熱愛，這次經歷對她不再有那麼大的影響。事實上，她知道有愛她的人的支援，她就可以克服恐懼。隨著凱蒂的成長，爸爸會繼續幫助她弄清楚她的種種經歷，講述故事的方式對凱蒂來說，會變成處理困境時很自然的方法，並在她成年之後成為面對逆境的有力工具，讓她終生受益。

十個月到十歲都適用

即使孩子比凱蒂小許多，比如只有十到十二個月大的孩子，也會對講故事感興趣。例如，蹣跚學步的孩子跌倒了，擦傷了膝蓋。她的右腦占據主導地位，使她完全處在當下，沉浸在身體和情緒的痛苦之中。從某種程度上來說，她會擔心痛苦永不消失。當媽媽複述這件事時，對經歷賦予語言和秩序，這就是在調動和開發女兒的左腦，向她解釋發生了什麼——她只是跌倒了，這樣女兒就能明白為什麼她會受傷。

不要低估故事對孩子的吸引力，你可以驗證一下，你將驚訝它如此有用，也會訝異孩子以後受傷或害怕時有多麼渴望講故事。

「為情緒命名」的方法對大一點的孩子同樣有效，我認識的一位母親羅拉，就在兒子傑克的身上用了這個方法。傑克十歲時發生了一起不大但很嚇人的腳踏車事故，後來他一想到要騎車，就覺得很緊張。以下是羅拉幫助兒子講故事，讓他理解內心體驗的過程。

羅拉：記得你摔倒的時候發生了什麼嗎？

傑克：過馬路的時候我正看著妳，沒注意到下水道的柵欄。

羅拉：接下來發生了什麼事？

傑克：車輪被卡住了，腳踏車壓在我身上。

羅拉：很可怕，對不對？

傑克：是，我不知道要做什麼……我摔倒在街上，甚至看不到發生了什麼。

羅拉：親愛的，你一定嚇壞了吧。你記得接下來發生了什麼嗎？

羅拉幫助傑克詳細講述了整個經歷。最後，他們一起討論這次事件是怎麼解決的：傑克摔倒後哭了，羅拉溫柔地安慰他，為他貼上ＯＫ繃，後來一起去修理腳踏車。他們還提出要小心提防下水道柵欄，還要在過馬路時注意來往車輛。這讓傑克擺脫了一些無助的感覺。

這類談話內容顯然會根據具體情況而變化，但要特別注意羅拉是怎麼引導兒子講出故事的。在兒子說故事的過程中，她讓兒子擔任主導者，而她只做為推動者，幫助兒子回憶事件中的細節和感受。經驗給予我們前行的力量，讓我們在失控時重新掌控局面。一旦我們可以

全腦情緒教養第2法 情境圖解

☹ 避免置之不理和否認

☺ 試著教孩子為情緒命名

說出恐怖或痛苦的經驗（當我們用文字表達並接受這些經驗），它們往往就會變得不那麼恐怖和令人痛苦。幫助孩子說出他們的痛苦和恐懼，就是在幫助他們撫平這些負面情緒。

全腦兒童

教孩子了解左腦和右腦

在這一章裡，我們提出了幾個如何幫助孩子整合左右腦的例子。同時，本章對於你與孩子對話，以及向他們解釋先前提及的幾個基本概念也很有助益。為了協助你，以下提供一些資料，你可和孩子一起閱讀。以下內容是針對５～９歲的孩子而寫的，你可以自行修改，以適合不同年齡和發展階段的孩子。

【你的左腦和右腦】

1

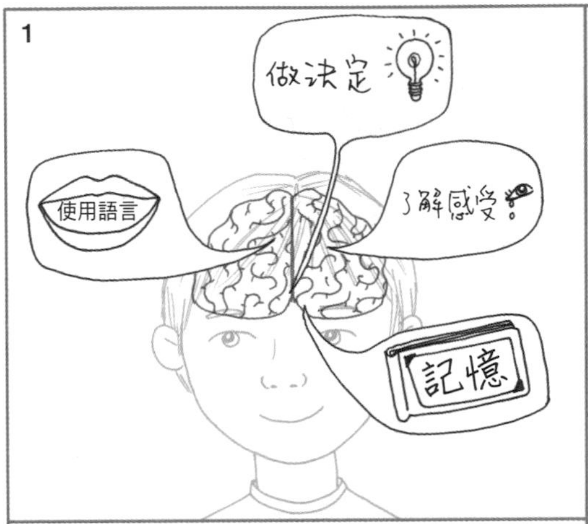

你知道你的大腦分成很多部分，而且每個部分都有不同的功能嗎？這就好像是你有很多個有自己想法的大腦。不過，我們可以讓它們融洽相處，並互相幫忙。

2

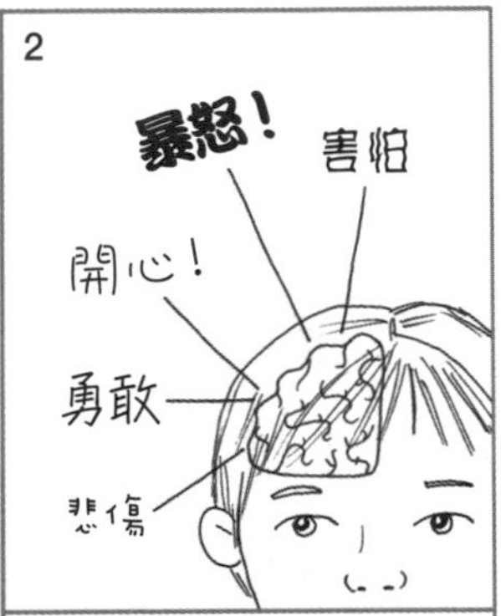

我們的右腦聽從我們的身體和大腦其他部分的指揮，它了解我們的情緒，像是開心、勇敢、害怕、悲傷，或者暴怒。關注這些感受並與之對話非常重要。

3

有時，當我們心煩的時候，我們不理會這種情緒，但它會在我們的心中不斷累積，讓我們說出本來不想說的話，做出原本不想做的事。

4

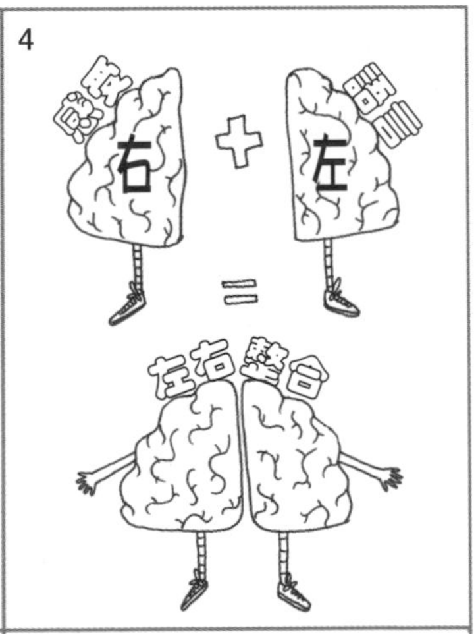

可是，左腦可以幫助我們把這些感受轉化成語言。當我們的左右腦像團隊一樣工作時，我們就能平靜下來。

【案例】

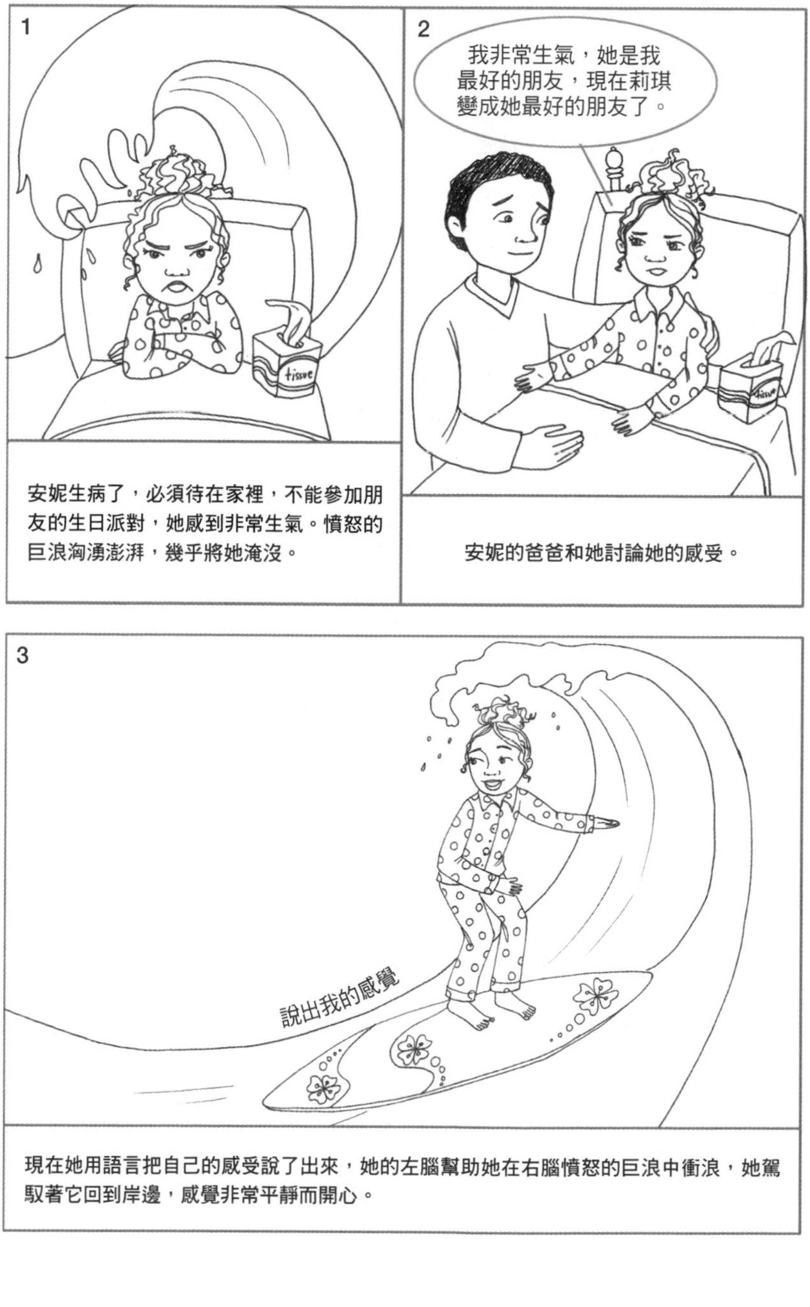
1
安妮生病了，必須待在家裡，不能參加朋友的生日派對，她感到非常生氣。憤怒的巨浪洶湧澎湃，幾乎將她淹沒。
2
我非常生氣，她是我最好的朋友，現在莉琪變成她最好的朋友了。
安妮的爸爸和她討論她的感受。
3
說出我的感覺
現在她用語言把自己的感受說了出來，她的左腦幫助她在右腦憤怒的巨浪中衝浪，她駕馭著它回到岸邊，感覺非常平靜而開心。

整合父母的左右腦

現在你已經對左右腦有了更多的了解，接下來想想自己大腦的整合程度吧。當你初為人父或人母時，有沒有被右腦支配過？你是不是經常被捲入情緒的洪流中，讓孩子被你自己的混亂和恐懼淹沒？或者，你傾向住在左腦情感的荒漠之中，結果你的反應刻板，使你難以解讀和回應孩子的情緒和需要？

以下是一位媽媽的經驗，她意識到她最初和小兒子互動時只用了左腦。

我成長在軍人家庭。不用說，我一點都不情緒化！我是個獸醫，一個訓練有素的問題終結者，我不太擅長同理什麼的。

當兒子哭泣或難過時，我會試著讓他安靜下來，好幫他解決問題。這樣做有時候沒用，甚至讓他哭得更厲害，所以我只好走開，等他自己平靜下來。

最近，我試著先進行情緒連結，右腦對右腦對我來說是完全陌生的。現在我會抱著他，聽他說，甚至幫他複述他的故事，讓他的左右腦一起工作。然後我們會討論怎麼採取行動或解決問題。現在我試著謹記：**連結第一，解決第二。**

這需要時間練習，但是一旦我先和兒子在情緒上取得連結，既用右腦也用左腦，而不是只用左腦，一切就變得更順利了，我們的關係也改善了。

這位媽媽意識到，對自己右腦的忽略讓她錯過了與兒子連結、幫助兒子發展右腦的重要機會。

促進孩子大腦整合最好的方法，是讓我們的大腦更加整合（在第六章說明鏡像神經元的段落時，我們會更全面地討論）。父母的左右腦一旦整合起來，就能夠同時將現實的左腦和理智連結（讓我們做出重要決定並解決問題），也能夠連結右腦和情緒（讓我們覺察感受、身體感官知覺和情緒），從而親切地回應孩子的需求。那麼，我們便真的落實以全腦的方式來進行情緒教養。

建立心智階梯，整合上下腦

讓孩子學會自我控制

控制本能的下層大腦在孩子出生時就十分發達，而擁有分析思考能力的上層大腦要到成年後才會完全發育成熟，因此當孩子情緒失控時，喚起他們的上層大腦，鼓勵孩子控制自己的身體和情緒，考慮別人的感受，就能幫助他們做出正確的決定。

一天下午，吉兒聽到六歲的葛蘭特在臥室裡大喊大叫。原來是四歲的葛蕾西發現了哥哥的寶物箱，拿走了他「最珍貴的水晶」，然後把它弄丟了。吉兒聽到葛蕾西用最惡毒的語氣說：「只是一塊臭石頭，真高興我把它弄不見了！」

吉兒看到葛蘭特握緊雙拳，滿臉通紅。你可能也經歷過類似的時刻，孩子的情緒一觸即發，而且情況馬上就要變得更糟。事情還有挽救的餘地，甚至有希望通過和平的方式解決問題，但是也可能向其他方向發展，淪為吵鬧、混亂，甚至暴力。

一切都取決於你親愛的小寶貝是否能夠控制一次衝動，平息一些強烈的情緒，做一個聰明的決定。

說得簡單！

吉兒知道接下來將會發生什麼事：葛蘭特即將失去控制。她看到了他眼中的憤怒，聽到野蠻的低吼開始從他喉嚨裡冒出來。在葛蘭特衝向妹妹的瞬間，吉兒攔住了他。吉兒把他緊緊抱了起來，葛蘭特瘋狂地拳打腳踢，不停尖叫。當他終於停止抵抗，吉兒才放他下來。葛蘭特淚眼汪汪看著妹妹（其實她崇拜他，視他為偶像），平靜地說了一句：「妳是這世界上最差勁的妹妹。」

吉兒說，最後這句口頭攻擊戳中了要害，葛蕾西戲劇化地迸發出了葛蘭特所期望的淚水。然而，吉兒慶幸自己在場，不然兒子可能還會進行人身攻擊。她問了我一個問題，這也是父母們經常問的問題：**「我不可能每一分鐘都和孩子在一起，該怎樣教他們**

行為得當、控制自我，尤其是我不在的時候？」

我們能教給孩子的重要技能之一，是在像葛蘭特這樣情緒激動時，做出正確的決定。我們希望他們三思而後行，顧及後果，考慮別人的感受，做出合乎倫理和道德的判斷。有時候，他們會做出讓我們自豪的行為，有時候則不會。

是什麼讓孩子在某些時刻選擇明智的行動，而在其他時候卻如此糟糕？為什麼有些情況會令我們欣慰地拍拍孩子的背，有些情況卻讓我們舉手投降？對於這個問題，在了解了上層大腦和下層大腦的運作機制後，可以得到一些合理的答案。

心智階梯：整合上下腦

討論大腦有很多種方式，在第二章中，我們針對左腦和右腦來討論，現在要由上至下來談，或者說由下至上地來看看。

想像大腦是一座兩層樓的房子（見圖 3-1），下層大腦包括腦幹和邊緣系統區域，位於大腦較低的位置，約從脖子的上端到鼻樑。科學家說，這些較低的區域較為原始，負責基本功能（比如呼吸和眨眼）、與生俱來的反應和衝動（例如戰或逃〔fight and flight〕）和強烈的情緒（像是憤怒和恐懼）。當你因為少年棒球聯盟的界外球飛向看台而本能地往後退時，你的下層大腦正在執行它的功能。同樣的，當你花了二十分鐘說服

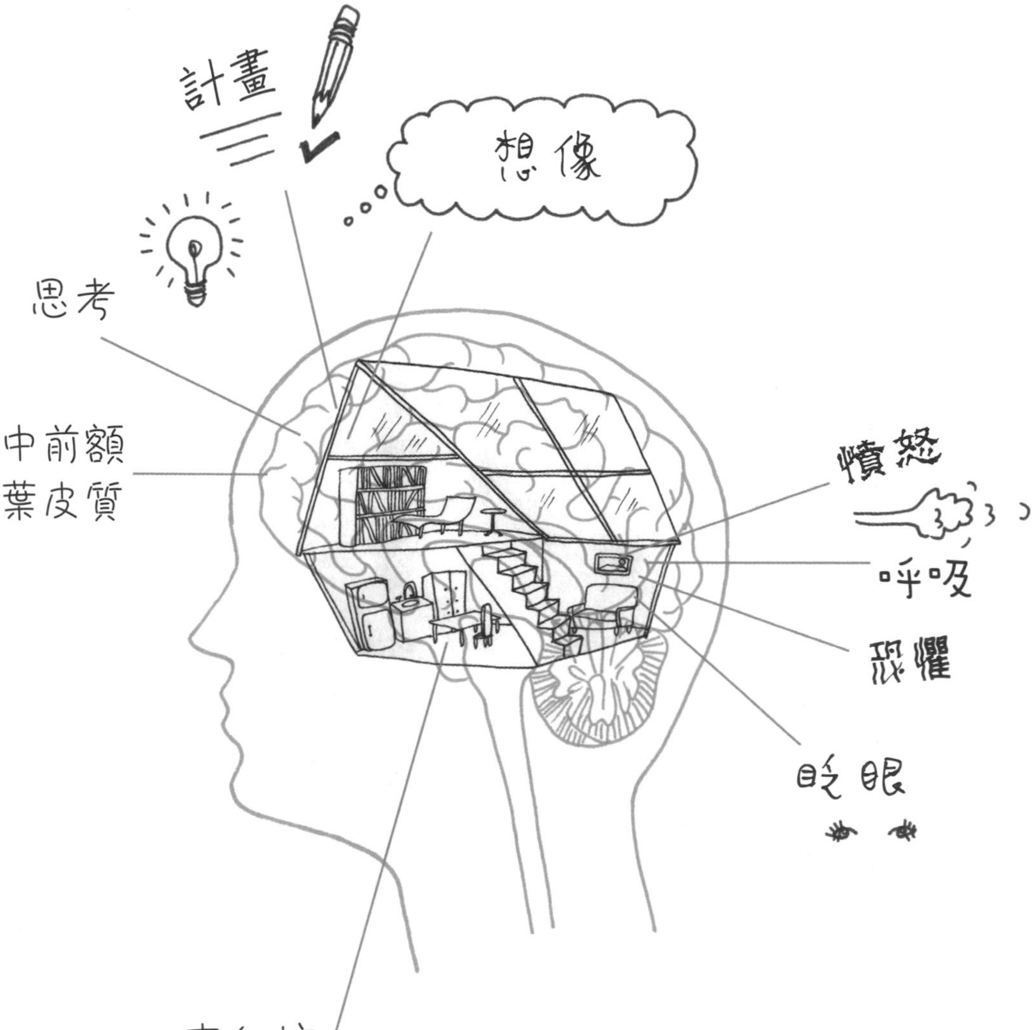

圖 3-1　上層大腦和下層大腦

你的孩子相信牙醫的辦公室並不可怕，牙醫助理卻進來宣布「要幫他打一針麻藥」時，你的憤怒（伴隨著其他強烈的情緒和本能反應）會從下層大腦中衝出來。下層大腦就像房子的一樓，滿足了家庭的許多基本需求，廚房、餐廳、浴室等都在這一層。

上層大腦完全不同，它由大腦皮質（cerebral cortex）及其各個部分構成，尤其是額頭後面那部分，包括所謂的中前額葉皮質（middle prefrontal cortex）。上層大腦與本能的下層大腦不同，它的進化程度更高，可以讓你用更加全面的角度看待世界。你可以把它想像成位於二樓的明亮書房或圖書室，四面和天花板裝滿了窗戶和天窗，視野更加清晰。在此發生的是更加複雜的心理過程，比如思考、想像和計畫。跟原始的下層大腦相比，上層大腦是非常複雜的，它掌管最重要的高級分析性思考功能。由於其高度的精密性和複雜性，我們希望孩子擁有的許多特質也在此產生：

- **明智的決策力和計畫力**
- **對身體和情緒的控制**
- **自我認識**
- **同理心**
- **道德感**

如果孩子的上層大腦正常發揮作用，便能使他表現出一些成熟健康的重要特徵，但並不代表孩子會成為超人或從此不做幼稚的事。上層大腦運轉良好，可以幫助孩子調節自己的情緒，考量後果，三思而後行，並考慮別人的感受。這些都將幫助他在生活的各個領域表現出色，使他和家人度過日常生活中的困難。

正如你以為的那樣，當上層大腦和下層大腦整合運作的時候，大腦運轉最良好。因此父母的目標應該是幫助孩子建立並強化連結上下大腦的心智階梯（mental staircase），讓這兩層大腦像一個整體一樣運作。當一座功能完善的心智階梯安置妥當後，大腦的上下兩部分是**垂直整合**的。這表示上層大腦可以監督下層大腦的行為，並幫助下層大腦平息強烈的反應、衝動和情緒。垂直整合還有其他作用，即幫助下層大腦與身體（房子的地基）「自下而上」地做出貢獻。畢竟，我們不希望上層大腦在缺乏情緒、本能和身體資訊輸入的情況下，在所謂的「真空」中做出重大決定。相反的，我們首先需要考慮源自下層大腦的情緒和身體感官知覺，再通過上層大腦做出一系列的抉擇。再次強調，整合將提供資訊在上下層大腦間自由流動的機會，有助於搭建心智階梯，讓大腦的不同部分做為一個整體協調運作。

未完工的上層大腦

即使希望在孩子的大腦中建立心智階梯，但對於整合，我們要根據現實情況設定期待，原因有二。第一，下層大腦在孩子出生時就已經十分發達，而上層大腦要到二十幾歲時才完全發育成熟——事實上，這是大腦最後發育的部分。在孩子幼年時，上層大腦一直在大規模施工，然後在十幾歲到成年初期，還要經歷一次大規模的改建。

想像一下，房子的一樓已施工完成，設備齊全，但是抬頭看二樓，你可以看到它仍未完工，到處散落著工具。透過未完成的屋頂，你甚至可以看到天空，這就是孩子的上層大腦——還在施工中。

以上的資訊對父母來說非常重要，因為這意味著在69頁清單中列出的能力，也就是我們希望孩子掌握的行為和技能（比如明智的決策力和計畫力、控制身體和情緒、同理心、自我理解和道德感），都仰賴尚未發育完全的大腦。因為上層大腦仍在「施工」中，無法隨時發揮全部的功能。也就是說，它不能和下層大腦整合，也不能一直以最佳狀態運作。因此，孩子很容易被「困在下層大腦裡」。沒有上層大腦的作用，孩子很容易大發雷霆，做出荒謬的決定，而且普遍缺乏同理和自我理解的能力。

上層大腦和下層大腦

跟上層大腦相比，下層大腦更為原始，負責人體基本功能、與生俱來的反應和衝動，以及強烈的情感。上層大腦進化程度更高，控制著重要的分析思考功能。

這就是孩子無法同時妥善運用上層大腦和下層大腦的第一個原因：他們的上層大腦還未發育成熟。另一個重要原因與下層大腦的某個特定部位有關，那就是杏仁核。

杏仁核讓我這樣做

杏仁核恰如其名，大小和形狀都和杏仁相仿，是大腦底部邊緣系統的一部分，屬於下層大腦。杏仁核的作用是快速處理和表達情緒，尤其是憤怒和恐懼。這一小塊的腦灰質是大腦的「看門狗」，對我們隨時可能受到的威脅保持警惕。感到危險降臨時，它可以完全接管或者劫持上層大腦。這正是有時候我們會「不假思索地採取行動」的原因。正是這部分大腦，在你不得不煞車的時候，指揮你伸出手臂去保護乘客；也正是這部分大腦，促使我在和小兒子健行時，在我甚至還沒有意識到前方一兩公尺遠的小路上有一條響尾蛇之前，就大叫「別動」。

當然，有時候「先行動再思考」是好事。在這種情況下，我最不需要做的，就是讓我的上層大腦進行一系列高階演練或損益分析：哦，不！我兒子前方的路上有條蛇。我應該警告他，我真希望我幾秒鐘前就說了，而不是經過一系列的深思熟慮後，才下定決心去警告他。相反的，我需要我的下層大腦（在這種情況下，就是我的杏仁核）接管大腦，做它應該做的：促使我在還沒有清醒地意識到自己在做什麼之前就叫出來。

很明顯，先行動再思考在以上這類情況或其他危險情況下是好事，但是在日常情境中往往不那麼適合，比如因為另一位家長打破了輪流開車接送孩子的「零等待」規矩，我們就從車裡衝出來對著他大吼大叫。這種情況叫「抓狂」，這也是杏仁核替我們惹的麻煩：它接管並解除了上層大腦的功能。如果並非處於危險之中，我們還是希望你三思而後行。

打開通往上層大腦的安全門

我們對孩子抱有同樣的期望。但問題是，特別是對兒童來說，杏仁核經常「起火」，阻斷了連結上層大腦和下層大腦的心智階梯。這好比在階梯底部拴上了嬰兒安全門（譯注：阻擋嬰兒亂跑或跌落的小門，也可用於阻擋寵物），無法通往上層大腦。當然這又加劇了我們剛剛討論的另一個問題：上層大腦不僅還沒建設好，就連可以起作用的那一部分在劇烈的情緒或巨大的壓力下，也會變得難以接近。

如果你三歲的孩子因為冰箱裡沒有橘色冰棒而大發脾氣，他的下層大腦（包括腦

杏仁核

杏仁核是大腦底部邊緣系統的一部分，作用是快速處理和表達情緒。這一小塊腦灰質是大腦的「看門狗」，對我們隨時可能受到的威脅保持警惕。

幹和杏仁核）就開始行動並鎖住嬰兒安全門了。他這部分的原始大腦已經受到了強烈的能量衝擊，使他無法心平氣和。大量的能量衝到下層大腦，只為上層大腦留了一點點能量。因此，無論你告訴孩子多少次，冰箱裡還有很多紫色冰棒（上次他還覺得紫色冰棒比橘色的好吃呢），這時他也根本聽不進去，多半會為了發洩怒火亂扔東西或朝身邊的人吼叫。

如果你正處於這種情況，試著讓孩子放鬆，度過這場危機（在他看來這的確是一場危機）。最好的方法是安慰他和轉移他的注意力。你可以抱他去另外一個房間，給他看點有意思的東西，或者做些傻里傻氣或瘋瘋癲癲的事活絡氣氛。你這麼做是在幫他打開安全門，讓他再次接近整合的心智階梯，讓他的上層大腦發揮作用，從而冷靜下來。

若孩子遇到的情緒問題是恐懼時也一樣。原本活潑而敏捷的七歲孩子拒絕學騎腳踏車，是因為他的杏仁核製造出讓人無法承受的恐懼，讓他雖然具備學會騎腳踏車的能力，卻連試都不敢試一下。他的杏仁核不只在樓梯底部設置了一道安全門，還在樓梯上亂扔了很多球、溜冰鞋、書籍，還有鞋子——所有的障礙都來自過去可怕的經驗所帶來的感受，讓他不能抵達大腦更上層的部分。針對這種情況，也有很多方法可以清理通道。父母可以試著說服孩子，讓他相信新的挑戰會帶來新的收穫，父母也可以承認並討論自己的恐懼，甚至可以用獎勵來激勵孩子克服恐懼。有很多方法能夠幫助孩子清理通往上層大腦的連結，讓他的杏仁核閉嘴——它正在喊叫著他有可能從腳踏車上摔下來傷到自己。

想想這個資訊意味著什麼？**事實上，我們正在努力培養的孩子還無法經常造訪上層大腦**。所以以下的期望是不切實際的：孩子是理性的，他們會調節情緒，做出正確的決定，三思而後行，善解人意——這些都需要發達的上層大腦協助。很多時候，孩子能在多大程度上展現出這些特質，取決於他們的年齡。但是大部分孩子都做不到，有時候他們可以運用上層大腦，有時候不能。明白這一點之後，調整我們的期待，可以讓我們明白，依靠孩子尚未發育成熟的大腦，他們所做的已經是最好的了。

然而，這就給了孩子一張免罪金牌嗎？（對不起，媽媽，我噴了小狗一臉的玻璃清潔劑。我猜剛才我的上層大腦沒有運作。）當然不是。事實上，這給了父母更多的激勵，讓父母看到孩子的發展潛力，並且最終將做出恰當的行為。這為我們提供了一個非常有效的策略，去冒險做一些決定，尤其是在我們處於激烈的狀態中時，比如發怒。

發脾氣也分層次

孩子大發脾氣，是教養中最令人不愉快的事情之一。不管是在家裡還是在外頭，發脾氣都足以讓最令我們心動、露出美妙微笑就有排山倒海魅力的小天使，一眨眼就變成地球上最不漂亮、最讓人討厭的生物。大多數父母會盡最大的努力克制心中的厭惡，因為發脾氣的是他們最疼愛的小寶貝。但只有克制是不夠的，弄清楚孩子發脾氣的原因（也就是怒火從何而來），才有可能找到有效的應對方式。

大部分父母都以為，回應孩子發脾氣的最好方式，就是忽視孩子的怒火。否則，你就給了孩子一個可以對你耀武揚威的武器，而且他會一遍又一遍地使用。但是，腦科學是如何解讀發脾氣這件事呢？當你知道大腦分為上層大腦和下層大腦，你就可以體認到發脾氣其實有兩種不同的類型：上層怒火和下層怒火。

上層怒火

上層怒火是一個孩子決定發脾氣，他有意識地選擇行動，按下按鈕開始恐嚇你，直到得到他想要的東西。儘管他的表現很誇張，也很誠懇地懇求，但他仍然可以隨時停止發火，比如在你滿足他的要求或提醒他會失去寶貴特權的時候。他之所以能夠停止，是因為當時他使用的是上層大腦。他可以控制自己的情緒和身體，保持理性，做出恰當的決定。孩子可能會像完全失控似地在商場裡大喊：「我現在就要公主拖鞋！」但是你會發現，他知道自己在做什麼，他絕對是有策略地在採取行動，透過操縱來得到想要的結果：要你放下一切立刻買鞋。

對於辨別出上層怒火的父母來說，只有一種回應方式：不跟「恐怖分子」談判。對於上層怒火，需要設定穩固的界線，明確地討論什麼行為恰當、什麼行為不恰當。在這種情況下，最好的回應方式是冷靜地解釋：「我知道你非常喜歡那雙拖鞋，但是我不喜歡你這種做法。如果你現在不停止發飆，你就得不到拖鞋，而且我要取消今天下午的活動，因為你讓我覺得你不能控制自己。」然後，重要的是，如果孩子仍不收斂，你就要說到做到。藉由設定嚴格的界線，你讓孩子看到了不恰當行為的後果，並學著去控制自己的衝動。你在教他，相互尊重的溝通、耐心等待、延遲滿足才會有效，而與之相反的行為是沒有用的。這是大腦發展的重要課程。

只要你拒絕對孩子的上層怒火讓步，不論你的孩子處於什麼年齡，你都將看到這種情況會越來越少。因為上層怒火是蓄意的，當孩子知道這樣做不僅沒什麼效果，還很可能導致負面結果時，他就會停止使用這種策略。不要以為孩子不懂這些，有時他們遠比你以為的聰明。

上層怒火和下層怒火

當上層大腦發揮作用時，孩子可以控制自己的情緒和身體，保持理性，做出恰當的決定。當下層大腦發揮作用時，孩子無法控制自己的身體和情緒，「完全失去理智」。

下層怒火

下層怒火就完全不一樣。此時，孩子變得心煩意亂，根本無法使用上層大腦。當你把水倒在孩子頭上要幫他洗頭時，他變得非常生氣，開始尖叫，把玩具扔出浴缸，揮舞著拳頭想要打你。在這種情況下，他的下層大腦（特別是杏仁核）接管並劫持了上層大腦，離整合的狀態差距十萬八千里。事實上，壓力荷爾蒙（the stress hormones）充斥著他小小的身體，他的上層大腦的所有部分幾乎都無法正常運作。所以，他真的（至少暫時）無法控制自己的身體和情緒，也根本無法使用那些高階的思考技巧，比如考慮後果、解決問題或者考慮他人的感受。他抓狂了，嬰兒安全門阻擋了通往上層大腦的路徑，他無法使用自己的整個大腦。（以後當你跟別人說你的孩子「完全失去理智」時，你的認知將比你以為的要更為科學而準確。）

熄滅孩子的怒火

當孩子的大腦處於分裂狀態、下層怒火即將噴發而出時，你需要以完全不同的方式來回應。對待拋出上層怒火的孩子，父母需要快速設定牢固的界線；而對待下層怒火，則需要更多的耐心和安慰。就像第1法「用右腦聆聽關注，再用左腦重新引導」裡探討過的，父母要先跟孩子建立連結，幫助他們冷靜下來，通常撫摸和舒緩的語調就能做到。如果孩子錯得離譜，有可能傷害到自己、他人或損毀物品時，你就要緊緊抱住他，心平氣和地說服他，將他拉離當時的情境。

你可以根據孩子的性格特點，嘗試不同的方法，但最重要的是，你要安慰他，引導他離開混亂的河岸。這時候跟他談論後果和不恰當行為是沒有用的，當他還處在下層怒火之中，他根本無法處理任何資訊，而理性的談話需要運轉正常的上層大腦來聆聽和吸收資訊。所以，在孩子的上層大腦被下層大腦劫持時，你的首要任務是幫助他平息杏仁核發揮的巨大作用。

一旦上層大腦重新介入，你就可以開始使用邏輯和理性來解決問題了。（你不喜歡爸爸這樣幫你洗頭嗎？下次我要怎麼幫你洗呢？你有什麼好主意嗎？）一旦孩子處於更加接納的狀態，你就可以跟孩子談論他的行為是否恰當，以及可能產生的後果。（我知道水濺在你臉上讓你很生氣，但是打人是不對的，你可以告訴爸爸：我不喜歡這樣，請停下來。）訓誡孩子可以維護你的威信，這很重要，但是你可以選擇更加明智、更富有同情心的角度。如果在孩子的大腦處於更加接納的狀態時教導他，他就更能吸取這些教訓。

任何一個經驗豐富的父母都知道，抓狂不是幼兒的專利。十歲的孩子發起火來可能不太一樣，但在高度情緒化的情況下，任何年齡的孩子（甚至成人）都很容易被下層大腦支配。這就是為什麼對上層大腦和下層大腦以及源自這兩者憤怒的認識，有助於我們更有效地教導孩子。我們可以更清楚地了解到，什麼時候應該設定界線，什麼時候應該以關愛和同情把上層大腦「邀請」回來。

處理憤怒的情緒，只是在實際運用上下層大腦知識的其中一個例子。在本章的「爸媽可以這樣做」專欄中，我們要來談談幫助孩子發展上層大腦的其他方法，讓上層大腦更強壯，和下層大腦更加整合。

爸媽可以這樣做：

發展孩子的上層大腦

全腦情緒教養
第3法

動腦莫動氣：喚起上層大腦

問問自己，在和孩子一天的互動裡，你調動了他們大腦的哪個部分：是上層大腦，還是下層大腦？對這個問題的思考將幫助你在遇到棘手的教養狀況時，採取正確的行動，這將決定你教養的成敗。以下這個發生在蒂娜身上的故事，就是一個很具代表性的例子：

當時我們正在最愛的那家墨西哥餐館吃飯。不知為何，我那四歲的兒子離開了桌子，跑到三公尺遠的桌子後方。我非常愛我的兒子，大部分時候他也非常可愛，然而當我看到他生氣、挑釁的臉，還不斷朝我們吐舌頭時，我腦袋裡出現的可不是「可愛」這個詞。旁邊的顧客都在看我和丈夫史考特，想知道我們會怎麼處理這種情況。我和丈夫都感覺到了壓力，圍觀的目光在審判我們，期待我們把餐桌禮儀搬出來。

在我走向兒子並蹲下去與他對看的過程中，我清晰地看到兩個選擇：

選擇一：走傳統的「命令和要求」路線，用嚴厲的陳腔濫調威脅他：「不許做鬼臉了。過去坐下吃你的飯，否則就不給你吃甜點了。」

有時候這可能是恰當的回應方式，但對我們的小傢伙來說，這種語言和非語言的對抗會引發他下層大腦各式各樣的反應（就是科學家稱為「爬蟲動物腦」的部分），他會像一隻面對攻擊的爬蟲類動物那樣進行反擊。

選擇二：接近他的上層大腦，努力觸發理性的反應，而非對抗式的條件反射行為。

我在教養過程中犯過很多錯（孩子會毫無顧忌地告訴你的）。但就在前一天，我參加了一個針對父母的講座，講了上層大腦和下層大腦的知識，還有如何將每天的挑戰（那些生存時刻）轉化為幫助孩子成長的機會。所以，我的兒子很幸運，這些知識還清楚地儲存在我的腦袋裡，我決定採用「選擇二」。

我從觀察到的東西入手，「你很生氣，對嗎？」（還記得「用右腦聆聽關注，再用左腦重新引導」的方法嗎？）他誇張地做鬼臉，又開始吐舌頭，大聲地說：「是的！」他沒有得寸進尺，這讓我鬆了一口氣，以往他還會加一句新學會的髒話，叫我「屁股臉瓊絲」（我發誓我不知道他從哪裡學來的）。

我問他為什麼生氣，原來是因為史考特要他吃掉一半油炸玉米餅之後，才能吃甜點。我說我知道他為什麼感到失望了：「爸爸很擅長談判。不如你自己想想吃多少才算公平，再去跟他談談。如果需要幫忙，就來找我。」我揉揉他的頭髮，回到座位上，看著他努力思考的樣子，這張臉又重新變得可愛起來。他的上層大腦肯定發揮作用了，事實上正在跟他的下層大腦打架呢。我們避免了一次情緒爆發，但是似乎還存在著再次抓狂的危險。

大概過了十五秒，我的兒子回來了，他用憤怒的語調跟我丈夫說：「爸爸，我不想吃一半的油炸玉米餅，我想吃甜點。」我丈夫說：「那麼，你覺得你應該吃多少才算公平？」這回答完全在我意料之中。

接著，我的兒子慢慢地說出答案，但決心是堅定的：「十口。」

有意思的是，十口代表他會吃掉比一半更多的玉米餅。我丈夫接受了這個還價，兒子高興地吃掉了十口玉米餅，接著去吃甜點，我們全家（以及餐廳裡的其他顧客）得以享受這次午餐，事情沒有進一步惡化。兒子的下層大腦沒有完全得逞，我們真幸運，那天，他的上層大腦獲勝了。

「選擇一」是完全正常而合理的，但是也可能因此錯失一次喚起孩子上層大腦的良機。在以上的情況中，如果蒂娜選了第一種方案，那麼她的兒子可能會錯過了解關係與連結、溝通和妥協的機會，也可能錯過意識到自己有能力做出選擇、影響環境並解決問題的機會。

另外，儘管蒂娜選了第二個方案，但她和丈夫還是得處理這次事件中兒子做出的不當行為。等孩子更能夠控制自己、變得更能夠接納資訊的時候，他們討論了在餐廳裡保持尊重和禮貌的重要性。

這個例子說明，對上下層大腦的簡單覺察，可以直接而迅速地改善我們教養的方式。注意，當挑戰出現時，蒂娜問自己：「此時我想喚起孩子的哪部分大腦呢？」如果蒂娜當時挑戰兒子並要求他立刻改變自己的行為，她也能達到目的。對孩子來說，蒂娜有足夠的權威讓他服從（儘管憤憤不平）。但是這種方法會觸發孩子的下層大腦，憤怒和不公平的感覺會在他體內肆虐。所以，蒂娜選擇幫助他全盤考量現場情況，找到和爸爸談判的方法，從而調動他的上層大腦。

然而，我們必須聲明：有時候，在父母與孩子的交流中，沒有討價還價的空間。孩子必須遵從父母的權威，這意味著不行就是不行，沒有迴旋的餘地。如果蒂娜四歲的寶貝提出他只吃一口，爸爸就不會接受這筆交易。

在養育和管教孩子的過程中，我們有非常多的機會，可以在互動中調動和發展他們的上層大腦。

全腦情緒教養第3法　情境圖解

☹ 避免觸發下層大腦

☺ 喚起上層大腦

請看上一頁情境圖解中的案例。母親在女兒發脾氣時，並沒有下最後通牒，觸發女兒的下層大腦。她反而引導女兒使用精確而具體的詞彙，去描述自己的感覺（妳是不是因為我沒買那條項鏈給妳而生氣），藉此調動女兒的上層大腦。接下來她邀請女兒和她一起想辦法解決問題。一旦小姑娘問「我們還能怎麼做呢」，媽媽就知道孩子的上層大腦開始運作了，可以跟媽媽一起討論問題了，但是幾秒鐘之前，她還做不到。

每一次我們說「說服我」或者「想一個對我們倆都有好處的解決辦法」，都是在給孩子練習解決問題和做決定的機會。我們幫助他們學習考慮恰當的行為和後果，考慮別人的感受和需求，一切都是因為我們想盡辦法要調動孩子的上層大腦，而不是觸發孩子的下層大腦。

全腦情緒教養 第4法

越用越靈光：鍛鍊上層大腦

我們不僅要調動孩子的上層大腦，還要幫助他們鍛鍊上層大腦。上層大腦就像肌肉，經常使用就會越來越強壯，表現越來越好；忽略上層大腦，它就會停止發育，喪失力量，失去運轉的能力。這就是我們所說的「越用越靈光」。父母要有意識地協助孩子發展上層大腦，就像前面提過的，強大的上層大腦不僅可以平衡下層大腦，對於社交和情緒智商來說也必不可少。上層大腦是心理健康的堅實基礎。我們的任務是不斷為孩子提供機會，讓他們鍛鍊上層大腦，讓它成長得更強壯、更有力量。

在你和孩子共度的一天中，留心觀察，你就可以發現鍛鍊孩子上層大腦不同功能的機會。讓我們看看以下幾個例子。

明智決策

對父母來說，一個很大的誘惑就是替孩子做決定，這樣能夠確保孩子自始自終都會做正確的事，但是我們需要盡可能多讓孩子練習自己做決定。做決定需要所謂的執行能力，也就是上層大腦權衡不同的選擇，考慮幾個互相衝突的方案以及這些選擇的後果，這種鍛鍊能讓孩子的上層大腦得到練習、得以加強，從而運轉得更好。

對於年紀很小的孩子，你可以簡單地問：「你今天想穿藍色的鞋子，還是白色的鞋子？」」等孩子大一點，你就可以讓他們在做決定時承擔更多的責任，為他們呈現一些真正具挑戰性的困境。例如，你十歲的女兒想參加童軍露營和足球淘汰賽，但兩個活動都在週六，她顯然不能同時出現在兩個地方——你要鼓勵她做選擇。放棄其中一個活動，雖然會讓她不太舒服，但如果這個決定是她自己做的，她就會更能夠接受。

對於大一點的孩子，在他們處理棘手的問題時，給予獎勵是很好的方法。決定立刻買個電腦遊戲還是為了一輛新腳踏車繼續存錢，這種體驗有利於鍛鍊上層大腦。重點是要讓孩子努力斟酌並接受後果。嚴肅對待這個練習，避免替孩子解決問題，抵擋解救他的誘惑，即使他會犯錯或做出不那麼好的選擇。畢竟，你的目標不是讓現在的每個選擇盡善盡美，而是讓孩子的上層大腦發展得更好。

控制身體和情緒

對孩子來說，另一個重要且艱鉅的任務是控制自己。我們提供他們一些技巧，來幫助他們在沮喪的時候做出正確的決定。這些技巧你可能已經很熟悉了：教他們深呼吸，或者數到十；幫助他們表達感受；允許他們使勁跺腳或者捶枕頭。你還可以教他們感覺失控時大腦的運作原理，以及如何避免「抓狂」。

即使是很小的孩子，也有能力停下來思考，而不是用言語和拳頭傷害別人。他們不可能永遠做出正確的決定，但只要經常練習各種方法而不是一味攻擊，他們的上層大腦將會越來越強壯、越來越能幹。

自我理解

促進孩子自我理解的最好方法就是問問題，讓他們看到表象之下的本質：你為什麼會做出這樣的決定？是什麼讓你有這樣的感覺？你覺得這次考試為什麼沒有考好，是因為急躁呢，還是題目真的很難？

十歲的凱瑟琳要去露營，她的爸爸幫忙她打包。他問她在外面的時候會不會想家，得到了預期中不置可否的回答：「可能會。」接著他問了另一個問題：「妳覺得妳會怎麼處理呢？」他又得到了一個不是答案的答案，「我不知道。」但這一次他看到女兒開始思考這個問題，雖然可能只想了一點。於是他進一步追問：「如果妳真的開始想家了，妳可以做點什麼讓自己好過些呢？」

凱瑟琳繼續往行李箱裡塞衣服，但她顯然開始考慮這個問題了。最後她給出一個真正的回答：「我想我可以寫信給你，或者跟朋友做點有意思的事情。」

她和爸爸就此花了幾分鐘聊了一下她對離家的期望和擔憂，她對自我的了解又多了一點，而這僅僅源於爸爸問了她幾個問題。

當你的孩子到了能寫字（或畫畫）的時候，你可以給他一本日記本，鼓勵他每天寫或者畫點什麼。這件儀式性的工作可以提升他關注並理解自己內心世界的能力。對於更小的孩子，可以讓他用畫畫來講故事。你的孩子越常思考內心發生的一切，就越具備理解並回應自己內心和周遭世界的能力。

同理心

同理心是上層大腦的另一項重要功能。問幾個簡單的問題，鼓勵孩子考慮別人的感受，這就是在建立孩子的同理心。在餐聽裡你可以問：「你覺得那個嬰兒為什麼哭呢？」當你們一起看書時，你可以問：「梅琳達的朋友搬走了，你覺得她現在是什麼感覺？」離開商店時可以問：「那個阿姨對我們態度不太好，是嗎？你覺得她可能遇到什麼讓她傷心的事了？」

僅僅是引起孩子對平日生活中其他人情緒的關注，你就可以讓他對他人的同理達到新的高度，還能夠鍛鍊他的上層大腦。科學家越來越確定，同理心的基礎是一個叫做鏡像神經元的複雜系統，我們會在下一章裡詳細討論。你越常讓孩子的上層大腦練習考慮他人，他就越有同理心。

道德感

上述所有整合良好的上層大腦特性，最終都指向一個重要的終極目標：強烈的道德感。當孩子可以控制自己，擁有同理與自我理解的能力，同時可以做出明智的決定，他們將發展出穩固且積極的道德感——一種超越個人需求的是非觀。再強調一下，由於他們的大腦仍

全腦情緒教養第4法 情境圖解

☹ 避免直接給答案

我知道妳不願意，
但是妳不能留下這個飛盤。
它不是妳的，我們把它放回
妳發現它的地方吧。

☺ 鍛鍊上層大腦

我知道是妳發現它的，
也知道妳想留下它。
但如果我們把它拿走了，飛盤的主人
回來找不到該怎麼辦呢？

未發育成熟，我們不能期望他們一貫如此表現，但是我們仍然要在日常生活的各種情境中，盡可能提出有關道德和倫理的問題。

另一種鍛鍊孩子上層大腦的方法是提供虛擬情境。孩子們很喜歡這類遊戲：**如果有緊急情況，可以闖紅燈嗎？如果不良少年在學校裡欺負同學，而當時周圍沒有大人，你會怎麼做？**關鍵是要激發孩子思考該如何行動，思考他們的決定會帶來怎樣的影響。這個過程就是讓他們練習全面地思考道德和倫理準則，在你的指導下，這些思考將為他們今後的決策方式打下基礎。

當然，你還要考慮自己的行為為孩子做出了怎樣的示範。當你教育他們要誠實、慷慨、善良和尊重他人的時候，確保他們看到你也正在身體力行，以這樣的價值觀生活。你樹立的榜樣，或好或壞，都將明顯影響孩子上層大腦的發展。

全腦情緒教養 第5法

運動改造大腦：讓腦子活起來

研究顯示，身體的動作會直接影響大腦中化學物質的分泌。因此，當孩子喪失了與上層大腦的接觸時，幫助他恢復平衡的有效方式之一，就是讓他的身體動起來。有位母親分享了一個故事，是他十歲兒子利亞姆的親身經歷，他在情緒激動時藉由運動恢復了自我控制。

> 利亞姆上五年級的第二天，就對老師吩咐的作業不勝負荷（我了解他的感受，確實很多）。他抱怨了一會兒，但最後還是回到房間奮筆疾書。
>
> 當我進去檢查進度時，發現他像胎兒似地蜷縮在懶骨頭裡。我鼓勵他起來，回到桌上繼續寫作業。他不停抱怨，說寫不完：「真的太多了！」我想幫助他，但他一直拒絕。
>
> 突然間，他從懶骨頭裡跳出來，跑下樓，跑出房門，不停地跑，一直跑過了家附近的幾個街區後才回家。
>
> 當他安全回到家的時候，他平靜了下來，吃了點零食。我終於能跟他說上話了，問他怎麼就這樣跑出去。他說他真的不知道。他說：「我只是覺得跑步能讓我舒服一點，跑得越快越好，越遠越好。」我必須承認，他看起來的確平靜多了，而且做好了接受我的協助的準備。

利亞姆不明白其中的道理，其實當他離開家開始跑的時候，他就是在練習整合。他的下層大腦欺壓上層大腦，使他感覺不知所措、孤立無援。他離混亂的河岸太近了，他的媽媽沒有及時調動他的上層大腦。但是當利亞姆將他的身體也帶入情境中，他大腦的某些東西發生了改變。經過幾分鐘的運動，他就可以平息他的杏仁核，將控制權交還給上層大腦。

許多研究都支持利亞姆採取的自發策略。研究指出，當我們改變身體狀態（比如通過運動或放鬆）的時候，就改變了情緒狀態。**試著保持微笑一分鐘，可以讓你感覺更快樂；急促、淺層的呼吸往往伴隨著焦慮，如果你做一個緩慢的深呼吸，就會覺得平靜一點**。你可以和孩子一起嘗試這些小練習，讓他了解身體如何影響他的感受。

身體不斷發送資訊給大腦，我們感覺到的很多情緒其實是從身體開始的。甚至在我們意識到自己開始緊張之前，我們翻騰的胃和緊繃的肩膀就已經把焦慮的身體信號發送給大腦了。能量流和資訊流從身體傳送到腦幹，進入掌管情緒的大腦邊緣系統，接著進入大腦皮質，改變我們的身體狀態和情緒，甚至改變我們的思想。

運動的神奇效果

利亞姆身上發生的變化，實際上是他身體的運動幫助他進入了一種整合的狀態，讓他的上層大腦、下層大腦以及身體，能夠重新以有效而健康的方式運轉。當他不知所措時，能量流和資訊流被阻斷，導致了分裂。用力地移動身體，釋放了他身上部分憤怒的能量和壓力，

全腦情緒教養第5法　情境圖解

☹ 避免命令和要求

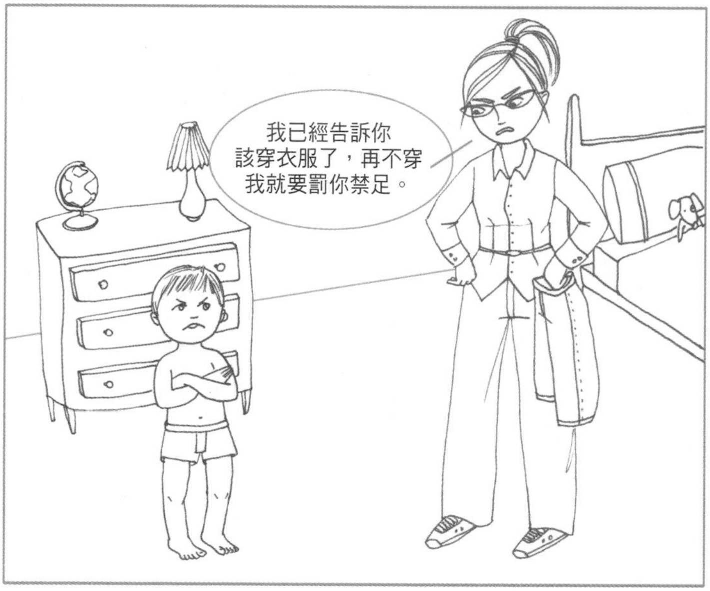

☺ 試試運動改造大腦

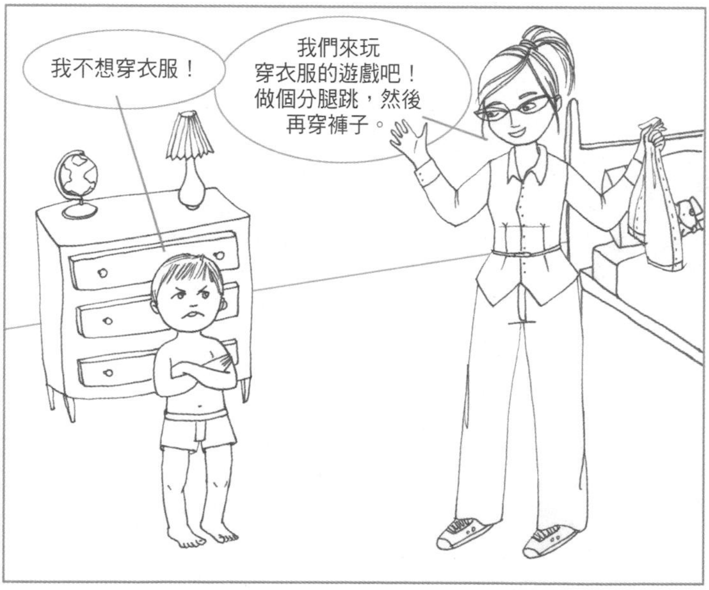

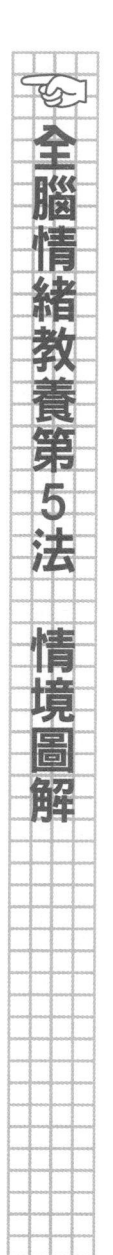

讓他放鬆下來。所以等他跑完步，他的身體向上層大腦發出了「平靜」的信號，他的情緒重新獲得平衡，大腦的不同部分和身體重新以整合的方式發揮功用。

下次當你的孩子需要從暴躁情緒中安靜下來，或者需要重新獲得控制感時，努力想辦法讓他們動起來。對年紀小的孩子，可以嘗試點新鮮玩意，來點小花招。遊戲本身的樂趣加上孩子身體的運動，可以徹底改變孩子的思考方式，讓親子相處的時光更加愉快。

這項技巧也適用於年齡大一點的孩子。我們認識一位少年棒球聯盟的教練，他十分了解「運動改造大腦」的原理。在一場錦標賽中，他的小隊員們灰心喪氣，在賽場上都跑不起來了，於是他讓他們在球員席原地跳躍。而運動給男孩們的身體和大腦注入了興奮和新的能量，他們的活力回來了，最終贏得了比賽。（為神經科學的勝利記上一筆！）

有時候你也可以對孩子簡單地解釋說：「我知道不能跟姊姊一起去朋友家過夜，你很生氣。你覺得這不公平，對嗎？不如我們出去騎腳踏車、聊聊天吧。有時候讓身體動起來可以讓人覺得好一點。」不論你怎麼做，關鍵都是要幫助孩子透過運動身體來重新獲得某方面的平衡和控制，這樣可以清除障礙，為孩子鋪平重回整合的道路。

全腦兒童

幫助孩子了解
上層大腦和下層大腦

為了讓孩子容易理解本章提出的上層與下層大腦概念，以下提供一些範例，你可以讀給孩子聽，讓親子對話更順暢。

【你的上層大腦和下層大腦】

1

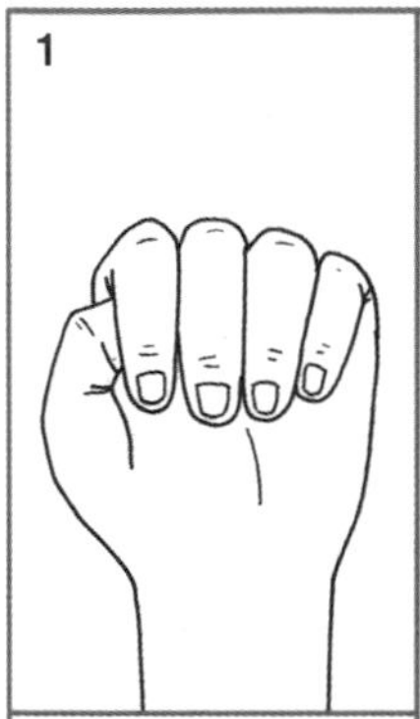

像這樣握緊拳頭，我們把它稱為大腦的拳頭模型。還記得你的大腦分左邊和右邊嗎？你的大腦也分上層和下層。

2

透過使用上層大腦，即使是在心煩的時候，你也能做出好的決定，做正確的事情。

3

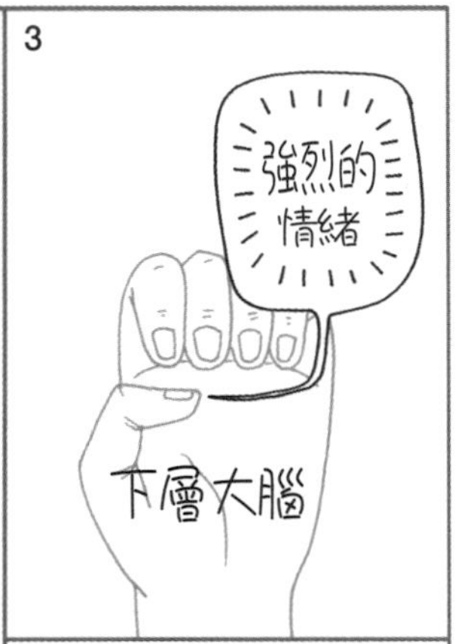

現在，把你的手指抬起來一點，看見你的大拇指在哪了嗎？這就是你的下層大腦。這是你強烈情緒的發源地。它讓你關心他人，感受到愛，也讓你心煩意亂。

4

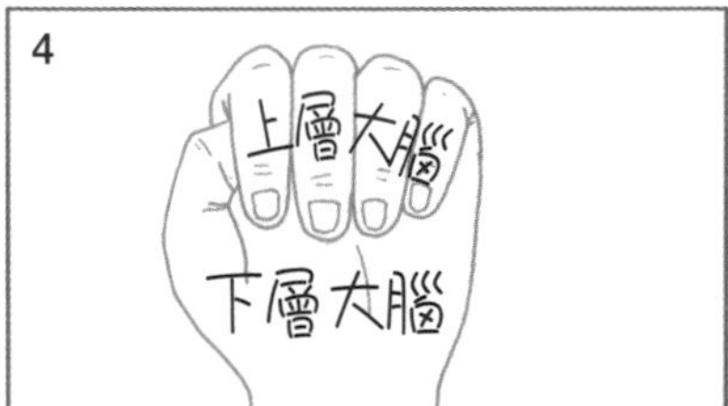

感覺心煩意亂並沒有錯。重新握緊你的手指。看到了嗎？代表思考的上層大腦碰到你的大拇指了，所以它可以幫助你的下層大腦冷靜地表達情緒。

5

有時候你非常煩躁，可能會「抓狂」。伸直手指，看，你的上層大腦不再跟下層大腦接觸。這就代表上層大腦不能幫下層大腦冷靜下來。

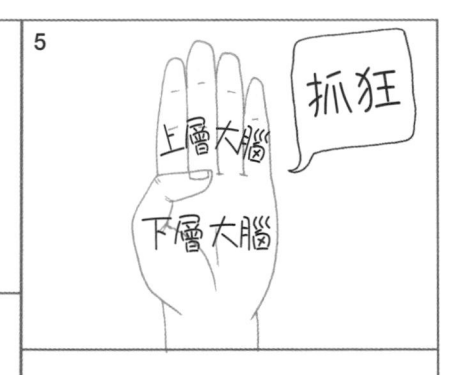

【案例】

1

傑佛瑞的妹妹弄壞了他的樂高積木。他開始抓狂，想朝妹妹尖叫。

2

但是傑佛瑞的父母教過他，如果讓上層大腦掌控下層大腦，就能讓自己平靜下來。雖然傑佛瑞很生氣，但沒有朝妹妹大吼，而是告訴她他很生氣，請爸媽把妹妹從他的房間裡抱出去。

3

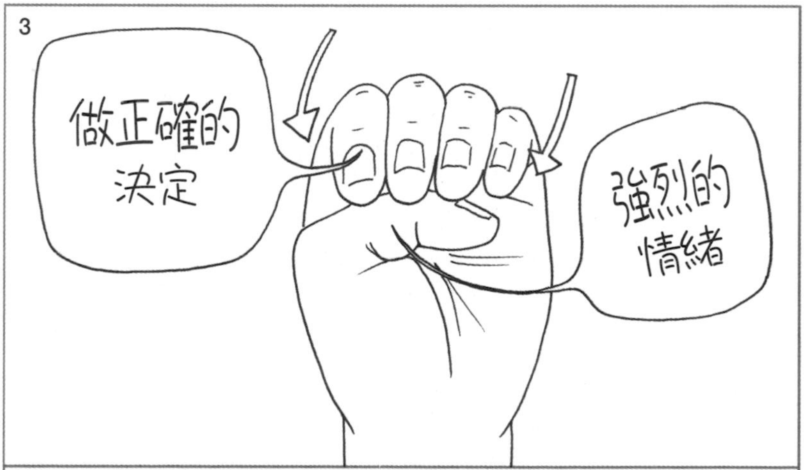

所以，下次你覺得自己情緒快爆發時，用拳頭做一個大腦模型。（記住這是個大腦模型，而不是憤怒的拳頭！）把手指伸直，然後慢慢放下來，讓它們蓋住你的大拇指。這會提醒你運用上層大腦來平息來自下層大腦的強烈情緒。

爸媽要戒吼，請善用心智階梯

「我的小兒子尖叫了四十五分鐘，而我不知道該怎麼安慰他，最後我大聲咆哮道：『有時候我真討厭你！』」

「我兩歲的兒子抓傷了小弟弟的臉，抓得太狠，留下了傷口。我狠狠打了他的屁股五下。然後我走出房間，在走廊走了走，又回來打了他五下。我對他大吼大叫，把他嚇壞了。」

「我要女兒留心在鞦韆前跑過的弟弟，但她盪鞦韆時還是差點撞到他。我氣壞了，在公園裡當著其他人的面訓她：『妳瘋了嗎？』」

這些都是非常可怕的育兒經驗，展現出我們被下層大腦控制時的場景，這些時候我們如此失控，對孩子說了不該說的話，做了不該做的事——我們是絕對不允許別人這麼對待他們的。

以上這些懺悔來自我們認識的一些父母。你可能不相信，這些父母中的每一個人都盡心盡力地養育自己的孩子。但是和其他人一樣，他們偶爾也會失手，做出讓自己後悔莫及的事。

你可以在以上的懺悔中加上你自己的「下層大腦時刻」嗎？當然可以。

你是父親或母親，同時也是一個普通人。在跟父母們交流並給建議時，我們再三看到：在高壓情境下，父母也會犯錯。這很正常，我們每個人都一樣。

但是別忘了，教養的危機也是幫助孩子成長和整合大腦的契機。你可以利用自己失去控制的時刻，為孩子做出自我調節的示範。幼小的孩子正盯著，看你如何讓自己平靜下來。你的行為將成為他們的榜樣，教他們在情緒激動、抓狂傾向的時刻做出正確的決定。所以，當你意識到自己被下層大腦接管、開始喪失理智的時候，該怎麼做呢？

首先，不要傷害孩子。閉上嘴，避免說出會讓自己後悔的話。把手放在背後，避免任何粗魯的身體接觸。當你處於下層大腦時刻時，要不惜一切代價保護孩子。

其次，跳出當時的情境，讓自己平靜下來。喘口氣絕對沒有問題，更何況這是對孩子的保護。你可以告訴他你需要休息一下，好讓自己平靜下來，這樣他就不會感到被拒絕。

接下來——儘管這聽起來有點傻，試試「運動改造大腦」技巧，做做分腿跳，試試瑜伽伸展運動，來個緩慢的深呼吸。在杏仁核劫持上層大腦的時候，盡一切努力幫助上層大腦奪回控制權。你不僅可以讓自己進入更加整合的狀態，還可以為孩子示範一些快速調節自我的絕招，讓他們也跟著運用。

最後，修復與孩子的關係。盡快！一旦你覺得你平靜了下來，並且可以控制自己了，馬上和孩子重新建立連結，接著處理情感和關係上的傷害。這可能需要你表達寬恕，也需要你道歉並為自己的行為負責。這一步要盡快進行。你與孩子的連結修復得越快，你就能越早重獲情緒平衡，重新享受親子之間的關係。

CHAPTER 4

整合記憶

協助孩子成長和療癒

當孩子受過去負面經歷的影響而感到痛苦時，他需要的不是忘記過去，而是以完整連貫的方式重現那段經歷，並記住最重要和最有價值的體驗。通過整合記憶，孩子能理解自己內在的心理，從而控制自己的思想和行為，並對當前的事情做出理性的反應。

「這個夏天我絕對不去上游泳課！」蒂娜七歲的兒子義正詞嚴地宣布，他坐在飯桌旁，沉著臉，斜眼怒視著爸爸媽媽。

蒂娜看著丈夫史考特，他聳了聳肩，好像在說：「好吧，讓我來。」

「寶貝，你不是喜歡游泳嗎？」

「沒錯，老爸，重點就在這，」他略帶點嘲諷的語氣說，「我已經會游泳了。」

史考特點點頭，說：「我們知道你會游泳，但上課會讓你游得更好。」

蒂娜補充說：「而且亨利也有上，下週你就可以天天跟他一起玩了。」

兒子猛搖頭：「不！我不在乎。」他低頭看著自己的盤子，堅定的聲音裡流露出一絲恐懼：「求求你們別逼我！」

史考特和蒂娜交換了一下眼神，說讓他們考慮一下，待會再討論。但是他們真的很震驚：兒子居然會拒絕跟自己最好的朋友一起玩（而且還是一起運動），這絕對是第一次。

所有的父母都會遇到類似的情形，孩子的反應弄得他們不知所措。當孩子被害怕、生氣、沮喪或其他強烈的情緒所籠罩，行為變得難以理解時，原因可能很簡單，比如他們只是餓了或累了，或者坐車時間太長了，或者只是因為他們才兩歲（或三歲、四歲、五歲……十五歲）。但是更多的時候，孩子反常的行為有更深層的原因。

比如，蒂娜和史考特當晚再聊這件事時，他們一致認為孩子出人意料的右腦式反應很有可能來自三年前一次有點慘痛的經歷，這一點連孩子自己可能都沒有意識到。蒂娜知道這是教給兒子一些有關大腦的重要知識的好時機，於是當晚睡覺之前她採取了行動。在描述蒂娜與兒子的這場對話之前，我們要先解釋一下蒂娜試圖通過談話達到的目的。她知道，**幫助孩子處理難受體驗的好辦法之一，就是了解記憶如何在大腦中運作的科學知識**。

記憶和大腦：兩種記憶迷思

讓我們先從兩種記憶的迷思開始談起。

迷思一：記憶是一個心理檔案櫃。當你回想第一次約會或孩子出生時的情形，你就打開了大腦中相應的檔案抽屜，喚起了記憶。

如果事實真像「迷思一」說的那樣，那就好辦了，可惜我們的大腦並不是這麼運作的。你的大腦中並不存在幾千個小小的「記憶檔案夾」，等著你接近它們，意識到它們，然後思考它們。正好相反，記憶只不過是聯想。大腦做為聯想機器，處理當下的某種資訊時（一個想法、一種感覺、一股氣味、一個形象），會將這種經驗與過去類似的經驗聯繫起來。這些過去的經驗會對我們產生強烈的影響，影響我們對現在所看到或感覺到的東西的理解。這種影響之所以存在，是因為大腦中各種神經元（或腦細胞）相互連結在一起，共同形成了聯想機制。因此，從本質上說，記憶就是過去影響現在的方式。

想像一下，如果你無意間在沙發坐墊之間找到一個舊奶嘴，這會激起你什麼樣的情緒和回憶？如果你家的寶寶還小，可能不會有什麼了不得的觸動；但是如果小傢伙吸奶嘴的日子已經過去很多年了，那麼你很可能淹沒在各種感傷的聯想之中。你可能會回想起奶嘴在剛出生寶寶的小嘴裡顯得有多大，或者在寶寶拿它餵小狗、你飛快地衝過去把它搶走的場景，還有寶寶徹底戒掉奶嘴的那個哭鬧不已、一家子不得安寧的晚上。在你找到這個奶嘴的剎那，各種關於過去的聯想猛然浮現，進入你的意識，強烈地衝擊著你當下的情感。這就是記憶的本質——聯想。

不用想得太複雜，以下就是大腦中所發生的：當我們經歷某種體驗時，神經元就會「開火」，也就是被電訊號（electrical signals）啟動。當這些腦細胞「開火」時，就會跟其他神經元連結。這些連結會製造聯想。正如我們在引言中解釋過的，神經元會隨著我們的經驗持續不斷地被連結（和斷開），因此每一種經驗都會確實地改變大腦的物理結構。神經科學家用神經元「一起開火，一起串聯」（Neurons that firetogether wire together.）這個生動的描述，來解釋一起被啟動的神經，會串聯在一起形成新迴路。換句話說，每一種新的經驗都會導致某一類神經元「開火」，並與其他同時「開火」的神經元連結在一起。

你一定也有這樣的經驗吧？比方只要說到咬一口檸檬，立刻就能讓你口水直流；偶然間聽到車上播放的某一首歌，瞬間讓你穿越回高中那個尷尬的慢舞時刻。還記得那次在你四歲的寶貝上完芭蕾課之後，你給了她一片泡泡糖嗎？從那刻起，每節芭蕾課後她都期待著什麼？沒錯，泡泡糖。為什麼呢？因為她的「芭蕾課結束了」神經元「開火」了，連結上「得到泡泡糖」神經元。神經元「一起開火，一起串聯」。

這就是記憶的運作方式。一種經驗（芭蕾課結束）導致某類神經元啟動，這類神經元會和另一種經驗（得到泡泡糖）的神經元連結。然後，每當我們經歷前一種體驗，大腦就會自動連結上後一種體驗。因此，當芭蕾課結束時，孩子的大腦就會觸發得到泡泡糖的期待。引起觸發的東西可能是內在事件（一個想法或感覺），也可能是讓大腦聯想起往事的外在事件。總之，這個被觸發的記憶會建立對未來的期待，大腦對未來的期待總是基於過去的經驗。記憶促使我們期待下一步將要發生的事，從而塑造了我們對當下的感知。我們的過去確實塑造了我們的現在和未來，而這是通過大腦中的聯想機制實現的。

迷思二：記憶像一台影印機。當你喚起記憶時，你看到的是過去事件的精確再現。你看見自己第一次約會時傻呼呼的髮型和衣服，嘲笑自己的緊張；你看見醫生抱起你的新生寶貝，再次體會到那一刻的激動情緒。

同樣的，這也不是真實的情況。傻呼呼的髮型和衣服也許確實在你第一次約會時存在過，但記憶並不是過去事件的精確再現。在你追溯一段記憶的同時，你也改變了這段記憶。你回憶起的東西可能跟真實發生的事情非常接近，但每一段回憶都有改編的成分，有時甚至與真相大相逕庭。科學地說，回憶所啟動的神經叢（neural cluster）與事發當時編碼而成的神經叢很相似，但並非同一個。因此，不論你如何堅信自己記得很清楚，記憶都是扭曲的，只是這種扭曲有時輕微、有時顯著而已。

你肯定有過這樣的經歷：你對兄弟姊妹或配偶說起過去的某些事，他們卻說「才不是那樣的」。你編碼這段記憶時的心理狀態和回憶時的心理狀態，影響和改變了這段記憶本身。因此你敘述的故事更像是歷史小說，而非真正的歷史。

接下來，在討論孩子過去的經驗對他們的影響時，請把這兩個迷思記在心裡。記住，記憶不過是大腦中的鏈結（而非排列整齊、隨時可用的檔案夾），被我們事後喚起的記憶是脆弱的，很容易被扭曲（而非過去事件的精確再現）。

記憶的真相：外顯記憶與內隱記憶

回憶一下你為寶寶換尿布的經驗。站在尿布台邊時，你並不需要刻意對自己敘述整個流程：「首先把寶寶放在墊子上，解開衣服，把濕尿布拿出來，再放上乾淨尿布，然後……」

為寶寶換尿布時，你不需要給自己指示，直接做就是。你已經換過很多次了，根本不用思考自己在做什麼。你的大腦中讓你解開衣服、取出濕尿布、放上乾淨尿布等一系列動作的神經叢已經「熄火」了，你根本意識不到自己正在「回憶」如何換尿布。這是記憶的一種形式：過去的經驗（換了無數次尿布）影響了你現在的行為（正在換這一塊尿布），而在這個過程中你根本意識不到記憶的存在。

另一方面，如果你回憶的是第一次為寶寶換尿布的經驗，你可能就需要停下來想想了。透過搜索記憶，一個畫面跳了出來：你緊張兮兮地抓住寶寶的腳踝，畏縮地看著尿布裡亂七八糟的髒東西，掙扎著想搞清楚接下來應該怎麼做。當你刻意回想這些景象和情緒時，你才會意識到你正在回憶過去的事情。這也是記憶，但與讓你不假思索就能換尿布的記憶是不同的形式。

這兩種記憶形式在你的日常生活中相互交織，共同運作。讓你不假思索就能換尿布的記憶叫做「內隱記憶」（implicit memory），讓你回憶起第一次學習換尿布的情景（或其他具體場景）的記憶叫做「外顯記憶」（explicit memory）。通常我們說到記憶時，一般是指外顯記憶，也就是在意識層面回想起過去的經驗。但是為了我們自己和孩子著想，最好對內隱記憶與外顯記憶都有所了解。透過充分掌握這兩種不同的記憶形式，我們便能夠滿足孩子在成長過程中的各種需求，並處理痛苦的經驗。

內隱記憶的「點火」機制

讓我們先來看看內隱記憶，它甚至在我們出生之前就已經形成了。以下是我在家裡做的一項非正式「研究」：

我在妻子懷孕期間，經常唱歌給她肚子裡的孩子聽。這是一首古老的俄羅斯歌曲，過去我的祖母曾經唱給我聽，歌曲表達了孩子對生活和母親的愛。「希望陽光永遠燦爛，希望日子永遠甜蜜，希望媽媽永遠陪伴，希望我快樂一如往昔。」在妻子懷孕的最後三個月，我知道孩子的聽覺系統已經發展了，聲音可以透過羊水傳遞給孩子，我開始用俄語和英語唱這首歌給孩子聽。

我們有兩個孩子，在每個孩子出生後的第一個星期，我都會邀請一位同事參與「研究」（我知道這不是控制實驗，但很好玩）。我並沒有告知同事，我在妻子懷孕期間唱了什麼歌給孩子聽。就這樣，我依次唱了三首不同的歌曲。毫無疑問，當孩子們聽到熟悉的那首歌時，他們的眼睛睜得更大，顯得更留心，因此同事能夠輕易辨識出他們注意力的改變。當孩子們在媽媽肚子裡聽到我唱歌時，知覺性記憶就已經形成了。（現在孩子們不准我唱歌了，大概是因為我的聲音在羊水裡聽起來比較好聽吧。）

新生兒能夠辨識我的聲音和這首俄羅斯歌曲，是因為這些資訊已經被編碼為內隱記憶，存入了他們的大腦。我們終生都在編碼內隱記憶，而且在生命的頭十八個月裡，我們只能編碼內隱記憶。嬰兒編碼的內隱記憶包括：家和父母的氣息、味道和聲音，餓的時候肚子裡的感覺，喝到熱牛奶時的巨大幸福感，某位親戚到訪時、媽媽的身體突然僵了一下……我們的知覺、情緒、身體感官知覺，以及成長過程中諸如學習爬行、走路、騎腳踏車、學習換尿布等行為，都編碼進了內隱記憶。

父母們應該記住，了解內隱記憶最關鍵的一點（尤其是涉及孩子與孩子的恐懼時），便是以過去的經驗為基礎的內隱記憶，使我們對世界的運轉方式產生期待。還記得芭蕾課和泡泡糖之間的聯繫嗎？由於神經元「一起開火，一起串聯」，我們在過去經驗的基礎上建立了特定的心理模式，如果你每天下班回家後都擁抱你的小孩，他就會建立這樣的心理模式：你回家就代表愛與連結。這是因為內隱記憶建立了一種叫做「點火」（priming）的機制，讓大腦準備好以某種方式做出反應。他的內在世界不僅在你打開家門時早已「點火」，準備好接受這個愛的表示，甚至在聽到你的汽車駛近時，他就已經充滿期待地張開了雙臂。在孩子的成長過程中，點火機制還會啟動更多複雜的行為。數年後，如果鋼琴老師經常批評他的表演，他就會建立起他「不喜歡鋼琴」，甚至是「沒有音樂細胞」的心理模式。這一過程更極端的例子是創傷後壓力症候群，也就是：某次令人困擾的經驗被編碼為內隱記憶，進入大腦，只要一點聲響或一個場景，就能在這個人意識不到的情況下觸發這段可怕的記憶。內隱記憶本質上是一種保障我們的安全、讓我們遠離危險的進化機制，它讓我們能夠更迅速地做出反應，甚至在不需要主動回憶過去相似經驗的情況下，就能自動對危險場景做出反應。

如何探索內隱記憶？

對父母來說，這意味著當孩子以看似不尋常、不合理的方式做出反應時，我們需要考慮一下，是否某段內隱記憶為孩子建立了某種心理模式。我們需要幫助他們去探索。這正是蒂娜所做的。當晚，在安頓兒子上床後，她跟他聊了游泳課的事。

蒂娜：能告訴我你為什麼不想去上游泳課嗎？

兒子：我不知道，媽媽。我就是不想去。

蒂娜：你在害怕什麼嗎？

兒子：也許吧。我覺得很緊張。

蒂娜：那我們來討論一下緊張的問題吧。你知道嗎，你的大腦會想起一些事情，甚至連你自己都沒有意識到。

兒子：我不懂。

蒂娜：好吧，讓我換個說法。你還記得以前上游泳課時發生的不好的經驗嗎？

兒子：是的。

蒂娜：你還記得那個地方嗎？

兒子：那些老師對我們很凶。

蒂娜：他們很嚴格。

兒子：他們把我從跳水板上推下去，把我的頭按在水裡，我憋了很久的氣。

蒂娜：這已經是很久以前的事了，不是嗎？我覺得你現在不想去上游泳課跟這有很大的關係。

外顯記憶與內隱記憶

外顯記憶指在意識層面回想起的過去的經驗。內隱記憶以過去的經驗為基礎，使我們形成對世界運轉方式的期待，為我們建立某種特定的心理模式。

兒子：妳真的這麼認為嗎？

蒂娜：是的，你知道嗎，很多時候當你做一件事時，不管你覺得愉快還是糟糕，你的大腦和身體都會記住，所以當我說「道奇體育場」的時候，你笑了。你察覺到你的內心發生了什麼嗎？你的大腦和身體在說什麼？你感覺到了什麼？

兒子：興奮？

蒂娜：是的，都寫在臉上了。你現在還覺得焦慮嗎？

兒子：不會了。

蒂娜：那麼如果我說「游泳課」呢？你的感覺有變化嗎？

兒子：嗯，有！

蒂娜：焦慮又回來了？

兒子：嗯，我不想去。

蒂娜：我想這才是真相。你的大腦很神奇，它的重要工作之一就是保障你的安全。你瞧，你的大腦總是在檢查各種事情，然後說「這不錯」或「這很糟」。所以當我說「道奇體育場」的時候，你的大腦就說：「太好了！我們去吧！那個地方很棒！」但是當我說「游泳課」時，你的大腦就說：「壞主意，別去！」

兒子：是的。

蒂娜：當我說「道奇體育場」時，你的大腦會這麼興奮，是因為你在那兒曾經很開心。你可能不記得每場比賽的細節，但是你整體上感覺很棒。

你現在知道，蒂娜是怎麼打開這個話題了吧？就是建立一個觀念：某些記憶能夠在我們意識不到的情況下影響我們。你應該看得出來她的兒子為什麼如此害怕上游泳課，而且最大的問題就在於他並不知道自己的緊張來自何處，他只知道自己不想去，但不知道為什麼不想去。但是當蒂娜解釋了他的感覺從何而來之後，他開始學習有意識地控制在頭腦中發生的事情，藉此重新建構自己的經驗和感覺。

他們還聊了很多，然後蒂娜教給他一些實用的辦法，讓他能夠應對游泳課堂上的緊張——這些辦法在後面的內容中會介紹。以下是這場談話的後半部分。

蒂娜：好了，現在你知道你害怕是因為過去不好的經驗了。

兒子：是啊，可能吧。

蒂娜：但是你已經長大了，更聰明了，你可以用新的方式來看待游泳這件事。我們來想辦法讓你好過一些。想想過去關於游泳的美好回憶。你能想起某些有趣的游泳經驗嗎？

兒子：當然，上週跟亨利一起游泳就很開心。

蒂娜：沒錯，很好。而且你還能跟你的大腦說話。

兒子：什麼？

蒂娜：真的，事實上，這是你所能做的最棒的事情之一。你可以說：「大腦，謝謝你想要保護我的安全，但是我再也不用害怕游泳了。這次的課程有新的老師、新的游泳池，而且我已經是一個會游泳的孩子了。所以，大腦，我現在要做幾次緩慢的深呼吸，把緊張趕出去。然後我要盡情回憶跟游泳有關的好事。」跟大腦說話是不是有點怪啊？

兒子：有一點。

蒂娜：我知道，這很有意思也有點怪，但你看見它的作用了嗎？跟你的大腦說什麼，能讓你的身體平靜下來，對上游泳課覺得安全一點、舒服一點？你可以在心裡說點什麼話嗎？

兒子：那些糟糕的游泳課已經過去了。現在的游泳課是新的，而且我喜歡游泳。

蒂娜：沒錯。因為基本上你對游泳的感覺是……

兒子：棒極了！

蒂娜：真棒！現在我們再做一件事。如果我們去上游泳課的時候，你又開始覺得緊張，你可以跟大腦說什麼呢？比如暗號什麼的，讓它提醒你，糟糕的感覺已經過去了。

兒子：我不知道。幹掉焦慮？

蒂娜：因為那些焦慮屬於很久以前，你現在不再需要了，對嗎？

兒子：沒錯。

蒂娜：棒極了！我很高興你現在笑得出來了。但是我們能想一個不那麼火爆的暗號嗎？「趕走焦慮」或者「放鬆心情」怎麼樣？

兒子：我比較喜歡「幹掉」。

蒂娜：好吧。那就「幹掉焦慮」吧！

注意，蒂娜的做法主要是在告訴孩子，他的恐懼來自何處。她用說故事的方式讓兒子的內隱記憶外顯並賦予意義，讓這些隱藏的力量不再影響他。一旦關於不愉快游泳課的內隱記憶被帶進意識層面，他就能夠輕易地處理當下的恐懼。**從內隱記憶到外顯記憶的轉換，正是整合記憶能夠帶來洞察、理解，甚至療癒的真正力量所在。**

整合內隱記憶與外顯記憶

通常，積極的內隱記憶對我們是有幫助的。如果我們一直被愛著，就會滿心期待被周圍的人所愛。如果受傷時父母總是會安慰我們，我們就會相信自己總是能夠得到安慰，因為大量積極的內隱記憶儲存在我們的大腦之中。但是內隱記憶也可能是消極的，如果在我們遇到困難的時候，父母總是對我們生氣或表現冷漠，我們就會不斷體驗到負面的感受。

內隱記憶（特別是源自痛苦或消極的經驗時）的問題在於，當我們意識不到它的存在時，它就會成為一顆地雷，以一種嚴重，甚至是削弱自我的方式限制住我們。無論我們是否意識得到，大腦都會記住很多事情，因此當我們經歷困難之際（無論是扭傷腳，還是所愛之人去世），這些痛苦的時刻就會深深植入我們的大腦，對我們造成深遠的影響。即使並不清楚過去的源頭事件，內隱記憶仍然能夠製造恐懼、逃避、悲傷和其他痛苦情緒及身體感官知覺。這就是為什麼孩子（包括大人）常常莫名其妙對某些情境反應激烈的原因。如果孩子不能理解自己的痛苦記憶，就可能經歷睡眠失調、損耗性恐懼症（debilitating phobia，譯注：導致患者機體功能衰弱的恐懼症，如嚴重消瘦等）及其他問題。

那麼，當孩子受到過去負面經驗的影響而感到痛苦時，我們該如何幫助他們呢？這裡有個好辦法，我們可以將覺察力帶入孩子的內隱記憶，讓內隱記憶外顯，讓孩子能夠意識到並主動處理它們。有時候父母會希望孩子將經歷過的痛苦經驗「忘掉」，但孩子真正需要的，是父母教會他們以健康的方式整合內隱記憶和外顯記憶，將痛苦的經驗轉化為力量與自我理解的泉源。

大腦裡有個部位的功能，就是整合內隱記憶和外顯記憶，讓我們更加了解自己和這個世界，這個部位叫做海馬迴（hippocampus），我們可以把它當成記憶提取的「搜尋引擎」。海馬迴與大腦的不同部分共同運作，將內隱記憶中的所有腦海中的畫面、情緒感受、感官知覺會合在一起，組合為完整的圖像，形成對過去經驗的外顯式理解。

我們可以將海馬迴想像成一個專業拼圖高手，負責把內隱記憶的碎片拼湊起來。當過去經驗的形象和感受只是內隱形式、還沒有被海馬迴整合時，它們各自獨立地分布於大腦中，完全亂成一團。內隱記憶以散亂的拼圖碎片形式存在，而非一整套清晰完整的拼圖。我們的經驗明確定義了我們是誰，然而我們卻對它缺乏清晰的了解。更為嚴重的是，這些只以內隱形式存在的記憶仍會繼續塑造我們看待當下現實的方式。**它們始終影響著我們對自我形象的感知，而且我們根本意識不到它們影響了我們與世界互動的方式。**

因此，將內隱拼圖組合成外顯圖像是非常重要的，這樣我們才能反思它們對我們生活的影響。這正是海馬迴的功能，它整合了內隱記憶和外顯記憶，讓我們主動書寫自己的生命故事。蒂娜跟兒子討論他對游泳課的可怕聯想，正是在幫助他的海馬迴發揮功能。蒂娜的孩子毫不費勁就將內隱記憶轉換為外顯記憶，接著他就可以處理自己的恐懼，並弄清楚過去的痛苦經驗如何影響了現在的自己。

如果我們沒有給孩子一個空間，允許他們表達自己的感受和回想讓他們備感壓力的事件，內隱記憶就依舊是分散的，孩子便無法理解自己的經歷。但是，如果我們幫助孩子將過去整合進現在，他們就能夠理解自己內在的心理過程，並學會控制自己的思想和行為。你越是促進孩子記憶整合能力的發展，就越少會見到孩子因為過去的問題而對現在的事件做出非理性的反應。

我們並不是說，記憶整合是教養的萬靈丹，能夠阻止孩子所有的情緒爆發和非理性反應。但記憶整合是處理過去經驗的強大工具，若能夠充分了解，下次你的孩子再莫名其妙地反抗你時，你就知道它帶來的好處了。但是，當你五歲的孩子在組裝天行者路克的陸地巡洋艦時找不到車燈，失控地大叫「愚蠢的樂高」時，並不表示《星際大戰》導演喬治．盧卡斯激起了他的某些內隱記憶。別急著鑽牛角尖，冷靜下來，考量一下幾種最基本的狀況：你的小絕地武士是不是只是餓了、生氣了、覺得孤單，或者累了？如果是這樣，這些問題很容易解決。給他一個蘋果，聽他傾訴，花幾分鐘陪陪他，幫他找找丟了的零件，或者早點哄他上床睡覺——他休息夠了就沒事了。通常孩子已經盡力了，他們只是需要我們在場，滿足他們的基本需求。當你了解了大腦，也考量到我們提供的資訊時，別忘了最簡單、最明顯的原因，也就是那些你已經知道的小事。常識總能派上用場。

如果你肯定正在發生的不是小事，那麼最好回顧一下可能對現在造成影響的過去事件。有可能根本找不到跟孩子的反應有關的過去具體事件，因此，不要刻意製造本來就不存在的連結。但是如果你感覺到某件往事可能影響到了孩子的行為，可以採用以下的實用方法，教他運用能夠幫助他整合自己內隱記憶和外顯記憶的工具，讓他在應對當下情境的過程中更有掌控感。

海馬迴

海馬迴是記憶提取的「搜尋引擎」。它與大腦的不同部分共同運作，將內隱記憶的所有視覺畫面、情緒感受、感官知覺會合在一起，組成完整的圖像，形成對過去經驗的外顯式理解，以此幫助我們反思內隱記憶對生活的影響。

爸媽可以這樣做：

幫助孩子整合內隱記憶與外顯記憶

全腦情緒教養 第6法

遙控器在我手上：教孩子重演記憶，療癒創傷

促進記憶整合最有效的方法之一，就是講故事。在第二章中，我們討論了講故事對於整合左腦與右腦的重要性，而它也是整合內隱記憶與外顯記憶的有力工具。但是，有些時候，如果孩子正受到過去某個痛苦經驗的強烈影響，他可能還沒有準備好去回憶整個經歷。在這種情況下，你可以引導他打開自己內在的「ＤＶＤ播放器」，教他運用遙控器在腦海中重演這個經歷，還可以快轉。就像你有可能在看電影時快轉恐怖鏡頭或重播最喜愛的場景，在孩子重訪一段不愉快的記憶時，「遙控器在我手上」的練習可以為他帶來一些掌控感。以下這個故事中的父親就使用了這個技巧。

大衛被十歲的兒子伊萊嚇了一跳。伊萊居然說，他不想跟小童子軍同伴一起參加今年的「松木車大賽」。大衛頗為震驚，因為伊萊每年冬天最興奮的事情，就是跟老爸一

起把一塊松木雕刻、塑形、油漆成一輛跑車。大衛在與兒子聊過幾次後，發現他不願意靠近做木工的工具，特別是有刀片的。於是，大衛推測伊萊的新恐懼跟他幾個月前的一段遭遇有關。

去年夏天，伊萊曾在未經父母允許的情況下，將隨身摺疊刀帶去公園。他和朋友萊恩拿摺疊刀削東西，玩得很開心，結果發生了事故。萊恩在削一截小樹根的時候，刀子直接戳穿樹根刺到了他腿上，流了很多血，他被救護車送進了急診室。縫了幾針之後，萊恩沒事了，看起來也沒被嚇到，但是伊萊在家裡等候萊恩的消息時卻超級痛苦。伊萊是個有同情心和責任感的孩子，他無法原諒自己擅自把小刀帶到公園，傷害了他的朋友，造成了這麼多麻煩。兩個孩子的父母當晚就讓孩子會面，讓他們討論事發經過，他們看起來都沒事了。但是幾個月之後，這段記憶顯然又對伊萊產生了影響，而他自己卻不知道。他完全沒有意識到自己害怕木工工具是因為過去關於萊恩和小刀的意外。

大衛決定幫助伊萊將這段內隱記憶轉為外顯記憶。他把兒子叫到花園裡，那裡已經裝備好了工具。伊萊一走進花園看到電鋸，就睜大了眼睛，大衛看出了他的恐懼。伊萊故作鎮定地說：「爸爸，我今年不想參加松木車大賽了。」

大衛用最溫柔的聲音說：「我知道，孩子，而且我想我也知道為什麼。」

大衛告訴伊萊賽車和小刀事故之間的聯繫，但是伊萊否認了這種解釋。他說：「不是這樣，我只是最近在學校很忙。」

但是大衛步步緊逼：「我知道你很忙，但是我認為不只如此。我們再談談那天公園的事吧。」

伊萊的臉上再次流露出恐懼：「爸爸，這已經是很久以前的事了，我們沒必要再提了。」

大衛要伊萊放心，接著教他一個處理痛苦記憶的有用技巧。他說：「我要按照你當時跟我說的，從頭講一遍這件事，我要你在腦子裡想像整個過程，就像看ＤＶＤ一樣。」

伊萊打斷大衛說：「爸爸，我真的不想。」

「我知道你不想，」大衛說，「但我還沒說完呢。我要你想像自己拿著遙控器，當我講到你不願意回想的部分時，你就說『暫停』，我就會停下來，然後我們把這個部分快轉。可以嗎？」

伊萊慢慢地說：「好吧。」用那種孩子們認為一個請求很瘋狂時常用的語氣。

大衛開始講述整件事。當他說到「然後萊恩撿起一截小樹根，開始切它」時，伊萊插話了。

「暫停。」他小聲而堅定地說。

「好的，那我們快轉到醫院的部分。」

「爸爸。」

「那麼快轉到萊恩回家的部分？」

「爸爸。」

「快轉到他那天晚上來我們家的時候？」

「好吧。」

接著大衛講述了兩個朋友的歡樂重聚——他們互相問好，然後一起去打電動。大衛強調萊恩和他的父母不生伊萊的氣，他們認為整件事情是意外。

大衛看著他的孩子：「所以就是這樣了，對嗎？」

「嗯。」

「除了我們省略的部分。」

「我知道。」

「讓我們倒回暫停的部分，看看發生了什麼。記住，我們已經看到了，這件事的結局是好的。」

「好。」

大衛陪著伊萊再次回顧這件事中更令人痛苦的部分，伊萊又按了幾次暫停鍵。最終他們回顧完整個事件，在這個過程中，伊萊不知不覺放下了對刀和切割的恐懼。當他們回到圓滿結束的部分時，大衛看到伊萊全身的肌肉放鬆，聲音中的緊張也明顯減輕了許多。

接下來幾週，他們又回到這件事上，重新講述它。有刀在身邊時，伊萊還是會有點緊張，但是在父親的協助下，伊萊的海馬迴將他的內隱記憶整合進了外顯意識。最後，伊萊便有能力可以處理這些重新浮出水面的情緒了。後來，他和爸爸一起打造了最棒的松木車，還取名為「誰敢來挑戰」（譯注：fear factor，美國實境真人秀節目，中譯「誰敢來挑戰」，參加者將接受各種恐怖考驗，最後的獲勝者將贏得巨額獎金），用恐怖的萬聖節字體把名字刷在車子兩側。

記住，你的目標是幫助孩子找出在他們意識不到的情況下，影響他們的痛苦經驗（分散在他們腦中的拼圖碎片），並且讓那些經驗外顯化，讓完整的拼圖清晰而有意義地呈現出來。一旦教會他們運用遙控器來控制大腦中的DVD播放器，複述的過程就會變得沒那麼可怕，因為這賦予他們掌控感，接著便能夠以自己的節奏來應對。即使沒有馬上一幕幕地重新經驗整個事件，他們也能正視令他們恐懼（或憤怒、沮喪）的經驗。

全腦情緒教養第6法 情境圖解

☹ 避免快轉和遺忘

☺ 重演記憶，療癒創傷

加深記憶：全家每天說故事重整記憶

記憶對大部分人來說是自然而然的，但是跟大腦的其他功能一樣，練得越多，記憶也越強大。也就是說，如果透過讓孩子講述自己的故事，多多訓練孩子的記憶，就能夠增強他們整合內隱記憶與外顯記憶的能力。

因此我們的第二個建議很簡單：加深記憶。在你們一起進行各種活動時，幫助孩子講述他們的經驗，讓他們整合自己的內隱記憶和外顯記憶。尤其要記住他們生命中最重要、最有價值的經驗。如果你能夠盡可能將那些值得珍視的時刻（比如家人相處的時光、重要的友情或成長的重大節點）帶入他們的外顯記憶，這些經驗就會變得更加清晰、更有影響力。

敘述基本事實

鼓勵孩子記憶的方法很多，最自然的一種就是透過問問題來引導。如果孩子還小，就問他們簡單的事情，把他們的注意力轉移到當天的各種細節上。「你今天去凱莉家了嗎？」「我們在那裡的時候發生了什麼？」像這樣敘述基本的事實，有助於發展孩子的記憶，為他今後處理更多重要的記憶做好準備。

全腦情緒教養第7法 情境圖解

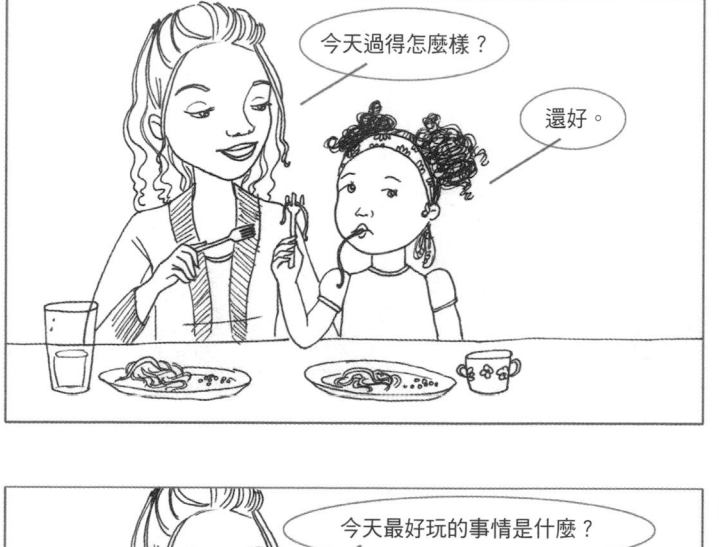

☹ 避免說「今天過得怎麼樣」

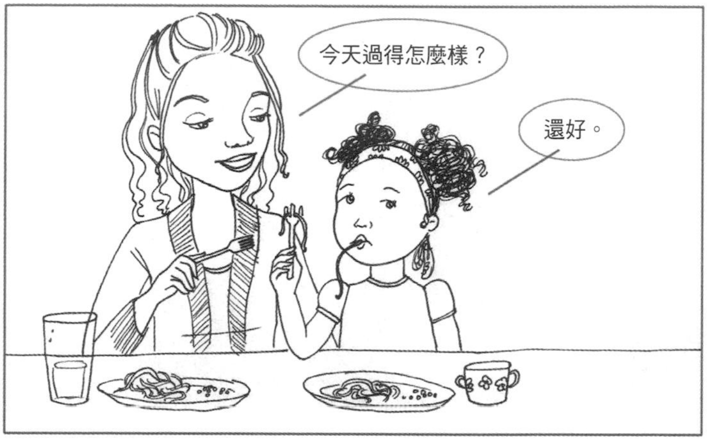

☺ 加深記憶

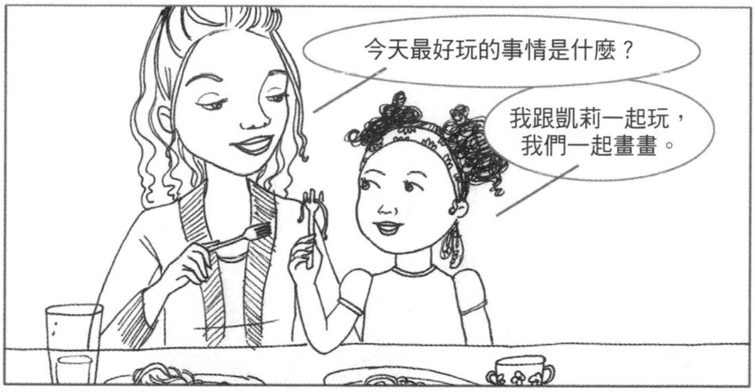

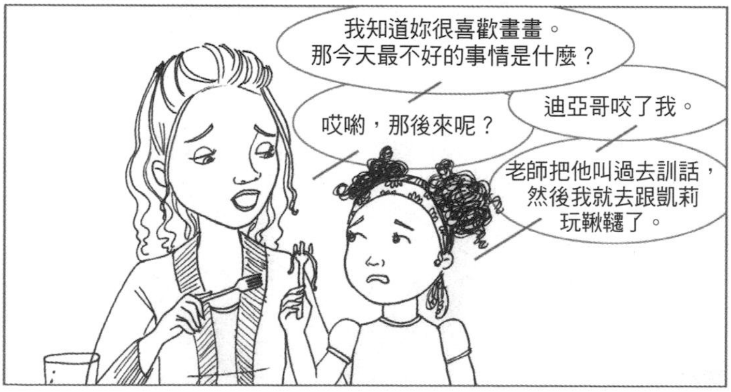

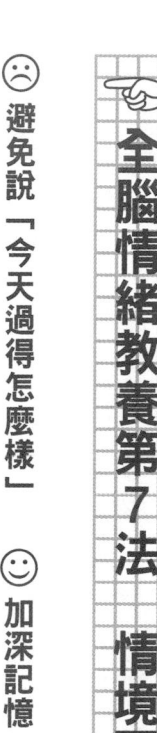

更多加深記憶的技巧

當孩子再大一點，你可以更講究技巧。問問他們跟某個朋友或老師之間的矛盾、他們參加的派對或昨晚彩排的細節，還可以鼓勵他們寫日記。研究指出，用寫日記來回憶和表達一件事，可以增強免疫力和心臟功能，提升幸福感。在此我們還要指出，寫日記能夠提供孩子講述自己故事的機會，幫助他們進行意義建構，這一過程能夠提升他們理解自己過去和現在經驗的能力。

在我們跟父母交流記憶整合、鼓勵他們幫助孩子講述自己的經驗時，不可避免會遇到這樣的問題：「如果他們不願意說怎麼辦？」「如果我問他們美術課的情況，他只說了一句『還好』，怎麼辦？」若是挖掘不到孩子生活的細節，就得有點創意。有個對付低年級小朋友的技巧，就是在放學接他們回家時玩一個猜謎遊戲，比如：「告訴我兩件今天發生的事，再說一件沒發生過的事，我來猜猜哪兩件是真的。」這個遊戲對你來說可能太缺乏挑戰性，特別是你的選項包括「老師唸了一個故事給我們聽」「我和妮可監視女孩們」，以及「虎克船長把我捉去餵鱷魚」的時候——但是它能快速引起孩子的興趣。由於他們每天都要回憶兩件學校發生的事情，這個遊戲不僅能讓你打開孩子的生活，還有助於讓他們養成回顧和思考當天事件的習慣。

有位媽媽最近剛離婚，她想確保自己能在情感上與女兒們緊密連結，共度這段艱難時期，於是她養成了在吃晚餐時問她們問題的習慣：「跟我說說今天過得怎樣。什麼時候最開心，什麼時候最難過，還有妳為別人做了什麼友善的事。」同樣的，這麼做不僅能夠鼓勵孩子們回憶，還能夠推動她們更深地思考自己的情緒和行為、如何與他人共度一天、如何幫助他人。

如果你想讓孩子多回想某些特別的事件，可以翻看從前的照片或影片。有個幫助他們回憶得更深入的辦法，那就是跟他們一起設計和展示「回憶紀念冊」。例如，當你的女兒第一次露營歸來時，你可以把她寄回家的信件、紀念品和她拍的照片收集起來，跟她一起製作一本回憶紀念冊。她可以在頁面空白處寫一些小故事和筆記，比如「這是我的小屋」或「這是刮鬍膏大戰後的景象」。記憶的細節在數月或數年之後會漸漸消逝，這樣的紀念冊有提示的作用，也給了孩子跟你分享她生命中重要事件的機會。

僅僅透過提問和鼓勵回憶，你就可以幫助孩子記住並理解過去發生的重要事件，而這會讓他們更能夠理解現在發生的一切。

全腦兒童

幫助孩子把內隱記憶外顯化

我們已經提出了幾個如何與孩子談論內隱與外顯記憶的範例。如果你注意到孩子因過往的某個經驗而掙扎不已，最好的方法就是與孩子對話，幫助他複述那段經歷。不過，解釋當過往經驗開始控制當下行為與感受時，腦子裡是如何運作，也頗有助益。也許可以像下一頁這樣解釋。

【整合大腦拼圖】

1
妳的大腦能記住發生的事情，但並不是以完整而連貫的方式記憶，而是像很多細小的拼圖碎片一樣在妳的頭腦裡四處漂浮。
2
發生的事情是……
為了讓妳的大腦把這些拼圖碎片拼成完整的圖像，妳可以把發生的事情講出來。
3
如果是很開心的事，比如生日派對，講起來也會很開心。通過講述這件事，我們就能記住這些美妙的時刻。
4
但是有時候，發生的事情讓人很難過，我們可能不想記住。
但問題是如果我們不去想它，那些拼圖碎片就永遠不會拼在一起，有一天我們可能就會莫名其妙地感到恐懼、悲傷或憤怒。

【案例】

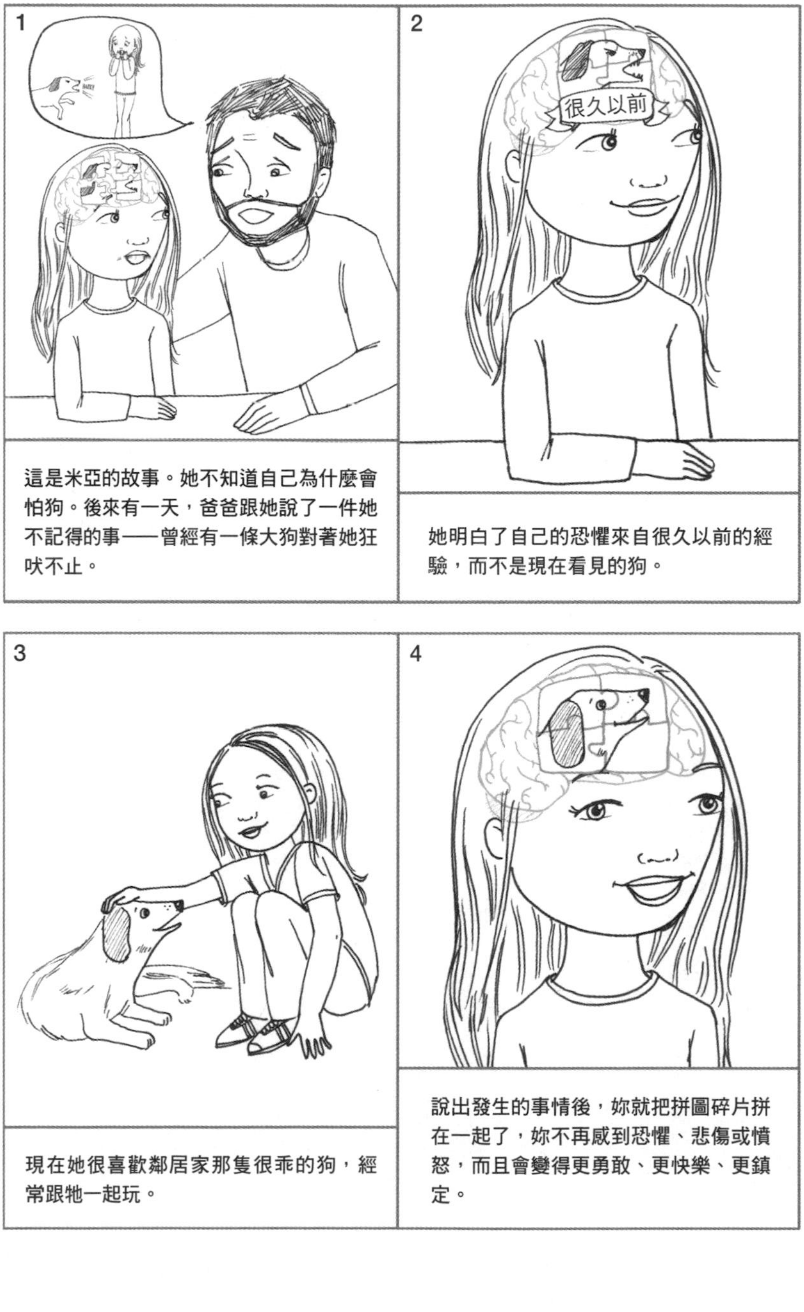
1
這是米亞的故事。她不知道自己為什麼會怕狗。後來有一天，爸爸跟她說了一件她不記得的事——曾經有一條大狗對著她狂吠不止。
2
很久以前
她明白了自己的恐懼來自很久以前的經驗，而不是現在看見的狗。
3
現在她很喜歡鄰居家那隻很乖的狗，經常跟牠一起玩。
4
說出發生的事情後，妳就把拼圖碎片拼在一起了，妳不再感到恐懼、悲傷或憤怒，而且會變得更勇敢、更快樂、更鎮定。

用覺察力整合內隱記憶和外顯記憶

不是只有小孩的記憶才會在意識不到的情況下侵擾生活，父母也一樣。內隱記憶會影響我們的行為、情緒、感知，甚至身體感官知覺，我們卻意識不到這種影響來自過去。身為新手父母、本書作者之一的丹尼爾，便有這樣的親身經歷：

我兒子剛出生時，只要他大哭，我便轉身離開，我知道孩子的哭鬧聲任誰都難以忍受，但我就是沒法面對。驚惶的情緒油然而生，我充滿畏懼與惶恐。我研究了一個接一個的理論，想找出自己緊繃且沒來由的反應的原因，卻一無所獲。

然而，某天我兒子開始哭泣時，我腦中出現一抹影像：一個坐在檢視台上尖叫的小男孩，扭曲赤紅的臉頰上帶著一抹恐懼的神情。我站在他身邊，而身為小兒科實習生的新手，我的工作就是抽血，好確認他發高燒的原因。我的小兒科同事與我面對一個接一個的孩子，不斷重複體驗一人拿著針筒，另一個人壓住尖叫孩子的這種恐懼。

我已經有多少年沒有回憶我在小兒科實習的時光？印象中大致說來是不錯的一年，我記得結束時鬆了一口氣，但是我六個月大兒子的夜半哭聲竟觸發了這樣的記憶片段。我開始明瞭兩者之間的連結。我回想了很多那一類的記憶，也與幾個朋友和同事談論我的經驗。於是我恍然大悟，多年前這樣的創傷始終是內隱的，直到現在才毫無隱晦地浮現出來。我意識到，當我完成了一年的實習，便繼續人生的下個階段，從未有意識地將這段痛楚的經驗反映出來。我從未用外顯的追憶方式來處理這段感覺，好讓自己在日後隨時能夠觸及這個經驗。

然而多年後，身為新手父母，我經歷了痛苦的自我反省，讓我能夠看見這個自身未曾了結的問題。現在，當我聽到兒子的哭聲，我便能夠就事論事，沒有過往的包袱了。

未經檢視（或未整合）的記憶，對想過健康、理智生活的成年人也會造成各種問題。但是這些隱藏的記憶對為人父母者來說特別危險，原因有兩個：孩子在非常小的時候就能捕捉到我們的恐懼、悲痛、不滿等感受，即使連我們自己都沒有意識到這些感受。父母情緒不佳時，孩子也很難保持平靜和快樂。內隱記憶促使我們以非自主的方式做出反應。以往被他人或父母所忽視、遺棄或貶低的感受，會阻礙我們以成熟、關愛和尊重的態度來與孩子互動。

因此，下一次當你發現自己對孩子的反應過於強烈時，問問自己：「我現在的反應合理嗎？」

答案可能是：「是的，最小的那個哭個不停，三歲這個把爐子畫成了藍色，八歲這個也不幫我管管，只會看電視。我現在有想把什麼東西從窗戶扔出去的感覺是完全合理的！」

但在其他時候，答案可能是：「不，這些感覺根本不合理。女兒今天晚上想要爸爸而不是我講故事，這很正常，我沒有理由受傷。我根本沒必要如此難過。」基於你現在對內隱記憶的了解，這樣的覺察就是深入反省的機會。當你做出某種無法解釋又難以理解的行為時，你應該問問自己：「現在發生了什麼？我能因此聯想到什麼？我的這些感受和行為是從哪裡來的？」（我們會在第六章更深入探討整合自我的進程。同時，我們也推薦丹尼爾的書《不是孩子不乖，是父母不懂》，做為這場探索之旅的開端。）

透過整合內隱記憶和外顯記憶，用覺察力檢視過去的痛苦時刻，你便能夠覺察到你的過去如何影響了現在你與孩子的關係，便可以針對你的問題對自己和孩子的情緒造成的影響保持警覺。當你感覺到無助、沮喪或反應過度時，看看那些感受的背後是什麼，探索它們是否與過去的事件有關。然後你就能把過去的經驗帶到今天，將它們融入你的整個生命歷程。當你做到這一點的時候，你就能自由地成為你想成為的那種父母。你將找到生命的意義，這也將有助於你的孩子找到他們的生命意義。

CHAPTER 5

整合自我
培養孩子的專注力

執著於某些特定的情緒，會讓孩子感到困惑和沮喪。幫助孩子整合自我的不同部分，檢視影響他們情緒的因素，有意識地引導自己的注意力，排除外在的干擾，他們會更理解自己的內在感受，從而按照自己的真實意願做出回應。

「有什麼是喬許不會做的嗎？」其他父母總是問安珀這個問題。喬許是她聰明而有天賦的十一歲兒子，他似乎擅長所有的事——學業、運動、音樂以及社交活動，他的朋友和朋友的父母都對他的能力感到驚奇。

但是安珀知道，不管兒子有怎樣的成就，他都對自己的價值充滿懷疑。因此，他努力嘗試把任何事情都做得完美。這種完美主義讓他堅信，不論取得多少成就，他都做得不夠好。無論是一次投籃失誤還是把午餐盒忘在學校，只要犯了錯誤，他就會在情緒上處罰自己。

最後，安珀帶著喬許去見蒂娜。蒂娜很快便發現，喬許的父母在他還是嬰兒的時候就離婚了，而且他的父親就此消失，將他留給母親獨自撫養。隨著時間過去，喬許為父親的缺席而譴責自己的傾向越來越明顯，他相信是自己造成了父親的離去，因此努力避免犯任何錯誤。喬許的內隱記憶將「不完美」與「放棄」等同起來。「我本該做得更好的」「我真蠢」「為什麼我沒有那麼做」，這樣的想法每一天都充斥在喬許的腦袋裡，讓他無法當一個無憂無慮的十一歲孩子。

蒂娜讓喬許注意自己腦中的這些想法，其中有一些源自深層的內隱記憶，需要進行深入治療。同時，她幫助他了解心智的力量，讓他知道可以透過引導自己的注意力，最大限度地控制自己的感受，並按自己的意願對各種情況做出反應。對喬許來說，突破始於蒂娜教給他「心智省察力」（編注：Mindsight一詞，目前市面上出版品翻譯為「第七感」「心智直觀」或「心靈視線」等。本書則翻譯為「心智省察力」，用以強調家長可以陪著孩子，一起透過反覆練習，培養出使用心智來內省自身並觀察他人的能力）的概念。

心智省察力和覺知之輪

心智省察力這個詞是我提出來的，正如我在《第七感》（*Mindsight*）中所說的，這個詞最基本的意思有兩個：（一）了解我們自己的心理，以及（二）了解他人的心理。與他人的連結是下一章要討論的內容，現在我們先來看「心智省察力」的第一個面向——了解我們自己的心理。畢竟，洞察自己的內心是心理健康和幸福的開始。蒂娜正是從這一點開始教導喬許的，她向孩子介紹了我創造的一個模型：覺知之輪（the wheel of awareness，見圖5-1）。

圖5-1展示了覺知之輪的基本概念：我們的內心可以用一個腳踏車車輪來表示，位於中心位置的是意識中心，並輻射至周邊。覺知之輪周邊代表的是我們能注意到或意識到的任何事物：思想和感受、夢想、記憶、對外部世界的感知以及身體感官知覺。

意識中心是心靈的內在部分，我們對內外事物的感知都源自於此。簡單說來，意識中心就是我們的前額葉皮質——前額葉皮質有助於整合大腦。意識中心代表了所謂「執

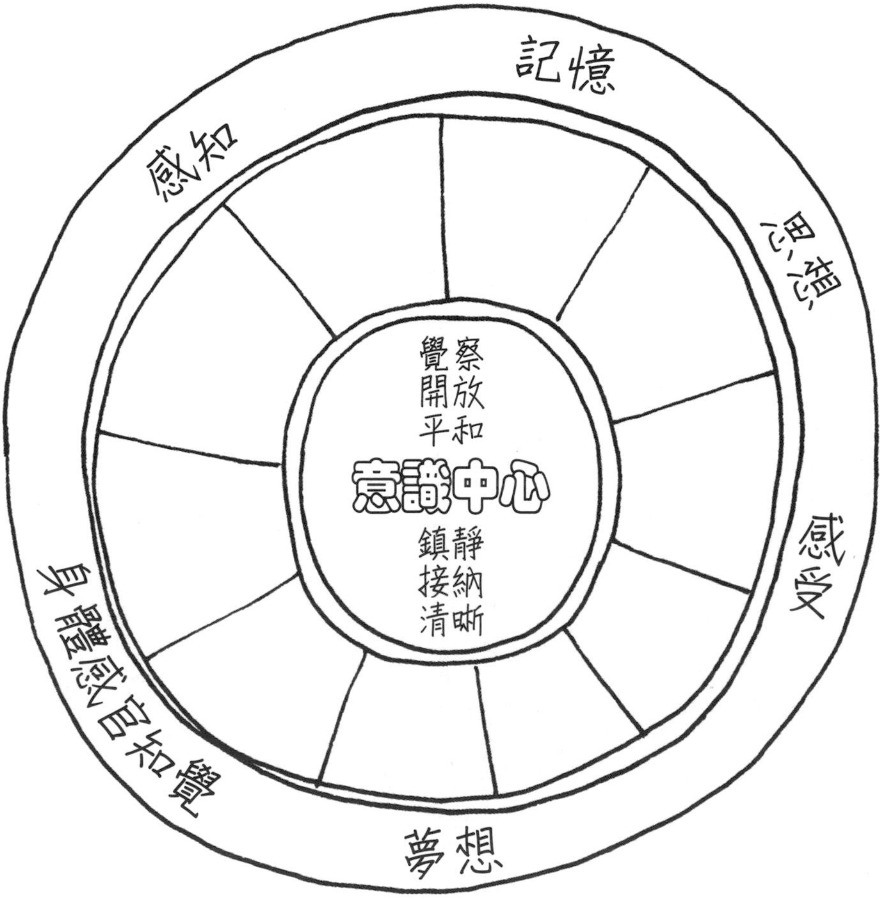

圖 5-1　覺知之輪

行大腦」（executive brain）的部分，因為這是我們做出重要決定的地方，也是讓我們能夠深入地與他人和自我連結的地方。我們的意識駐紮於此，因而能夠關注覺知之輪周邊的各種自我面向。

覺知之輪立即對喬許產生了效果，圖5-2是喬許的覺知之輪，這讓他認識到，那些讓他陷入掙扎的想法和感受只是他自己的某些面向，只是他覺知之輪周邊的一小部分，他不必對那些想法和感受投入過多的關注。蒂娜幫助他認識到，在特定情況下，他關注周邊的哪一種面向，決定了他處於哪一種心理狀態。如果總擔心演奏不成功，就會忘記對音樂的喜愛。也就是說，喬許焦慮和恐懼的心理狀態，源自他過於關注一組製造焦慮的周邊面向，例如對作業得「乙」的恐懼、對獨奏時忘譜的憂慮。這一組周邊面向甚至包括他體驗到的身體感官知覺，比如胃痛、肩膀緊繃，這些都讓他陷入對失敗的恐懼。

覺知之輪

我們的內心可以用一個車輪來表示，位於中心位置的是意識中心，並輻射至周邊。周邊代表我們能注意到或意識到的任何事物。

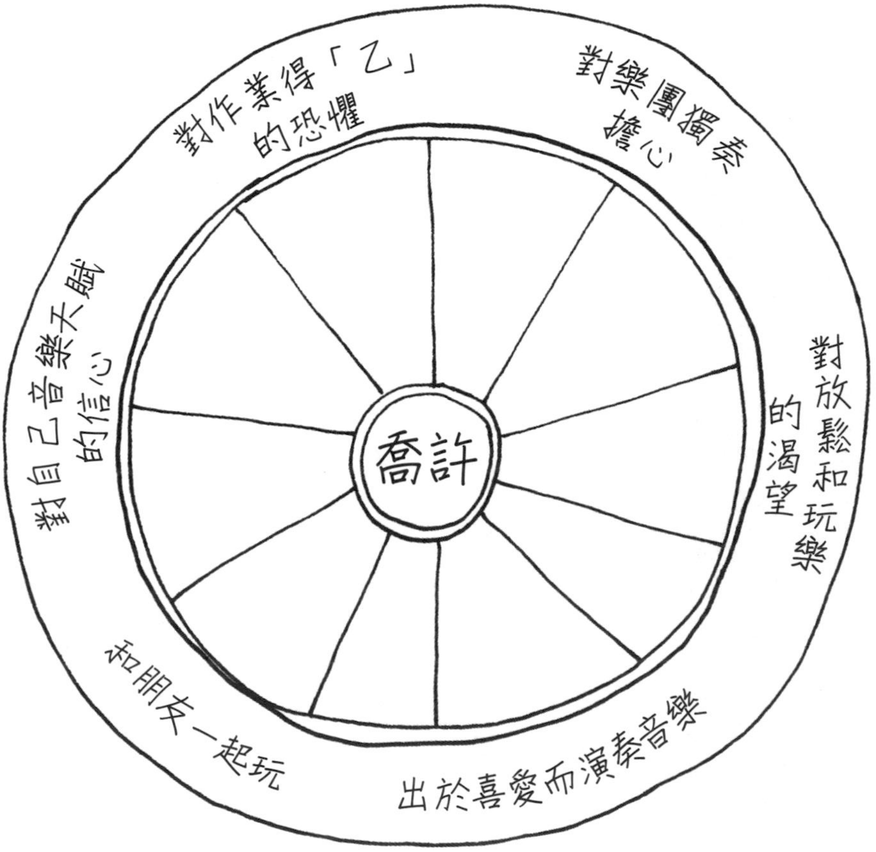
喬許
對作業得「乙」的恐懼
對樂團獨奏擔心
對放鬆和玩樂的渴望
出於喜愛而演奏音樂
和朋友一起玩
對自己音樂天賦的信心

圖 5-2　喬許的覺知之輪

心智省察力讓他注意到發生在自己內心中的一切，他理解到他把所有的時間和精力都耗費在這些周邊面向上；如果他願意，他可以回歸意識中心，立足大局，關注其他的面向。那些恐懼和擔憂確實是自己的一部分，但並不能完全地代表自己。相反的，從覺知之輪的中心（自我最具反思性和客觀性的部分）出發，他可以選擇給予那些恐懼和擔憂多少關注，也可以選擇去關注其他的面向。

正如蒂娜向喬許解釋的，由於他把注意力都集中在那一小部分製造恐懼的面向上，他就排除了其他面向，而這些面向本來也應該是他對世界看法的一部分。這導致他把所有的時間用來工作、學習、練習和擔憂，其實他還可以關注其他更積極的面向，例如對自己音樂天賦和天資聰穎的自信和想要不時放鬆、玩樂的願望。

蒂娜還向他解釋，整合自己的不同部分（也就是你之所以為你的獨特面向）至關重要，這樣部分的自我才不會完全支配所有的自我面向。蒂娜告訴他，關注那些推動他去獲取成就和超越的面向並沒有錯，這些是他的優點，甚至是很健康的部分。但是這些面向也需要跟其他面向整合，而不必放棄自我的其他部分——那些同樣優秀和健康的部分。

因此，喬許開始將注意力轉向那些不一定會導向完美主義的面向。他開始關注自己喜歡在放學後和朋友一起玩的部分，即使這需要放棄一點學習時間。他專注於自己新形成的信念，也就是不必在每一場比賽中都做得分王。他運用自我對話（self talk）來提醒自己，不用苛求每個音符都完美、僅僅為了愉悅而吹奏薩克斯風的感覺有多麼棒。他不必壓抑自己的真實感受，只需要將相關面向與其他面向整合，明白它們只是一個更宏大的整體的一小部分，而這個更宏大的喬許不會為了每一個小小的錯誤而苛責自己。

當然，對心智省察力和覺知之輪的了解，並不能立即減輕喬許的完美主義傾向，但是這確實讓他開始明白，自己不必這麼悲慘。他發現自己可以透過選擇做出各種決定，一點一點地允許自己掌控經驗和應對不同場景的方式，從而改善困難的處境。雖然他為自己在糾正完美主義上表現得不太完美而沮喪，但他現在卻能夠和媽媽一起針對這點自我解嘲了。

分辨「暫時的感覺」和「永久的特質」

喬許的痛苦源於他過分執著於覺知之輪的周邊。他將注意力全集中於製造焦慮和批判狀態的一小部分面向，而非發自意識中心地去感知這個世界，並整合自我所有的面向。因此，他與很多其他的面向失去了連結，而這些面向能夠幫助他體驗到更加平和與接納的精神狀態。這就是孩子的覺知之輪失去整合時的狀態。他們和成人一樣，也會執著於某些特定的面向，這樣通常會導致僵化和混亂的後果。

而這會讓他們分不清「暫時的感覺」和「永久的特質」之間的區別。當孩子經驗到某種心理狀態時，比如沮喪或孤獨，他們可能會用這種暫時的經驗來定義自己，而不明白那僅僅只是當時的感覺。他們不說「我感到孤獨」或「我現在感到憂傷」，而是說「我是孤獨的」或「我是很憂傷的」。危險在於，這種暫時的心理狀態可能會被感知為自我的永久狀態。這種狀態會變成一種能夠定義他們是誰的**特質**。

想像一個正在上小學一年級的孩子，雖然學業對她來說並不困難，但她此時此刻正被作業深深困擾。除非她能夠把沮喪和不足的感覺與自己的其他部分整合起來（認識到這些負面情緒只是更宏大、更完整的自己的一部分），否則她可能會將這種暫時的精神狀態當成是自己人格中一個永久的特徵或人格。她可能會說：「我太笨了，作業對我來說太難了，我永遠也做不好。」

但是如果父母能夠幫助她整合自我的不同部分，讓她識別出自己覺知之輪上不同的面向，她就不會再將某一特定時刻的特定感覺定義為自己的特質了。她能發展自己的心智省察力，認識到她只是為困難的時刻而沮喪，這並不意味著她很笨或者永遠也做不好。從意識的中心出發，她便能夠注意到自己還有其他的面向，並認識到雖然現在她在作業上有一點麻煩，但過去的經驗已經證明，她通常不太費勁就能把作業搞定。她可能還會進行一些健康的自我對話，比如：「我討厭這個作業！它快把我逼瘋了！但是我知道我很聰明，只不過這次的作業真的很難。所以，沒有關係，這只是暫時的。」這個識別不同面向的簡單舉動，可以大大地幫助她獲得掌控感和扭轉負面感受。孩子可能依然會覺得自己很笨，但在父母的協助下再做一些練習，孩子就能夠避免將暫時的狀態視為定義自我的永久特質。

覺知之輪最好的地方就在於：它讓孩子明白他們有能力選擇關注和重視的對象。它提供了一個整合自我不同部分的工具，讓他們的注意力不被某一類負面感受或念頭強行占據。當孩子（還有成人）發展了心智省察力，他們就有能力做出選擇，進而管理自己經驗和回應世界的方式。隨著時間的推移和不斷的練習，即便面對困難的情境，他們也能將注意力導向對自己和周圍的人最有利的方向。

專注的力量

為了理解為什麼心智省察力能夠帶來選擇的力量，我們可以先了解一下當人專注於自身某個特定的面向時大腦的運作方式。正如之前所討論過的，大腦在對新的體驗做出反應時，會發生物理變化。透過設置意圖和努力練習，我們能夠學會新的心理技巧。而且，當我們把注意力導向新的地方時，我們實際上是在創造一種新的經驗，這種經驗不僅能夠改變行為，而且最終還能夠改變大腦本身的結構。

以下我們來看看這個機制是怎麼運轉的。當我們有一種新的經驗或專注於某件事時（比如我們的感受或者想達到的目標），神經元就會受到刺激而「開火」。換句話說，神經元（腦細胞）被啟動了。神經元「開火」會產生蛋白質，這些蛋白質能夠在被啟動的神經元中製造新的連結。神經元「一起開火，一起串連」。這整個過程——從神經元被啟動、蛋白質產生，到製造新的連結，這就是所謂的「神經可塑性」。

從本質上說，這意味著大腦本身具有可塑性，會隨著我們的經驗和注意力的改變而進行調整。而且這些在我們關注某事時建立的新的神經連結，也會反過來改變我們回應世界、與世界互動的方式。就這樣熟能生巧，一種狀態逐漸成為一個好（壞）特質。

大量科學證據顯示，專注可以重塑大腦。我們在仰賴敏銳聽覺（比如藉由聽聲音來追捕獵物或逃避追捕）的動物大腦中，發現了比一般動物大許多的聽覺中心；而在那些依靠敏銳視覺的動物大腦中，視覺區域更大。對小提琴手進行的大腦掃描提供了更多的證據，研究顯示，他們的大腦中代表左手的皮質顯著增長和擴展，而他們通常需要用左手精確、快速地撥弦。其他研究顯示，計程車司機的海馬迴更為發達，而海馬迴對空間記憶至關重要。這些都說明了大腦的物理結構可以根據我們注意力的指向和訓練的內容而發生改變。

專注能夠重塑大腦

大腦具有可塑性，會隨著體驗和注意力的改變而進行調整，而新建立的神經連接也會反過來改變我們與世界互動的方式。大腦的物理結構會根據我們注意力的指向而發生改變，因此，專注可以重塑大腦。

我們對六歲小男孩傑森的研究也證實了這個原理。傑森常常被非理性的恐懼所占據，他的父母都快急瘋了。接著傑森開始出現睡眠障礙，因為他害怕臥室裡天花板上的風扇會掉下來砸到他頭上。父母反覆向他解釋，風扇裝得很牢固，他在床上很安全。但是一到夜晚，他上層大腦中理智、邏輯性的思考，就被下層大腦中的恐懼所劫持。他寧願整晚睜著眼睛、憂心忡忡地躺著，想像如果螺絲鬆掉、飛速旋轉的扇葉掉下來砸到自己時，自己的身體、床和床單被切成碎片的慘狀。

當傑森的父母了解了心智省察力並向傑森解釋了覺知之輪後，他頓時擁有了一個有力的武器，這不僅讓他自己鬆了一口氣，也讓整個家解脫了。和喬許一樣，傑森發現自己太過執著於覺知之輪的某個面向，太關注風扇掉下來的後果帶給他的恐懼，而忽略了其他面向。傑森的父母幫助他回到自己的意識中心，認出那些強迫性觀念又悄悄溜進腦海中的生理信號（胸口的焦慮感，手臂、腿和臉的緊張感），以便將注意力導向能夠讓他放鬆的地方。然後，他可以採取以下步驟，將自我的不同部分整合起來：他可以關注自己覺知之輪（見圖5-3）的其他面向，他會對父母有信心，相信他們會保護自己、絕不會讓他睡在可能會掉下來的風扇下，或者想到他當天後院裡挖了個大洞的快樂記憶。他還可以關注自己身體的緊張感，透過引導心像冥想（guided imagery）來幫助自己放鬆。傑森喜歡釣魚，因此他想像與爸爸在船上釣魚的景象。

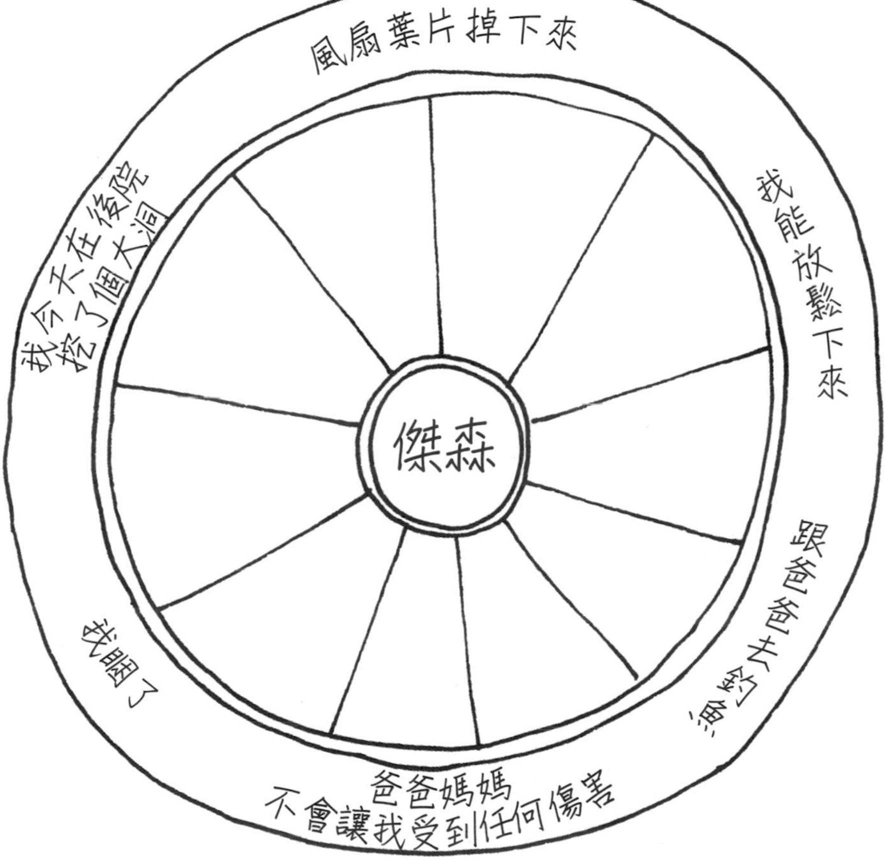

圖 5-3 傑森的覺知之輪

同樣的，這一切都可以歸結為覺察的力量。通過覺察到自己正執著於覺知之輪的某個面向，而意識到自己可以選擇注意力的去向。傑森學會了轉移焦點，也學會了轉換心理狀態。這意味著他可以選擇讓生活更輕鬆一些——無論是對自己還是對他的家庭。他們一起走過了這個艱難的階段，而且用不著挪走天花板上的風扇。

再者，整合不僅僅是讓你生存，還能讓你享有繁盛的人生。心智省察力不只是幫助傑森和他的父母處理某個睡眠障礙問題的OK繃，它還引發了更為根本性的變化，可以令他受益終生。也就是說，學習運用覺知之輪來轉移注意力，改變了傑森的觀念——但它的作用遠不止於此。對傑森來說，雖然他年紀還小，但是在掌握這個原理之後，不斷鍛鍊轉移其他面向注意力的能力，他大腦中的神經元就會不斷地以新的方式「開火」，製造新的連結。這些新的「開火」和連結改變了他的大腦結構，讓他在面對恐懼和強迫觀念時不再那麼脆弱，不論是現在特定的、還是未來可能的恐懼和強迫觀念（例如為在學校的假日音樂會上登台演出感到恐慌，或者為要去朋友家裡過夜感到緊張）。心智省察力，以及伴隨而來的覺察力提升，確實改變了傑森的大腦。由於先天因素，他將來可能還是要不斷面對自己的個性帶來的各種困擾，但是在未來的日子裡，他仍然能夠從孩童時期完成的全腦情緒教養中獲益，並且儲備了一項能夠處理其他恐懼和困擾的有力工具。

心智省察力的魔法

正如傑森的父母感受到的，心智省察力對於所有父母而言，真是個令人興奮的發現，特別是看見整合的力量在自己孩子的生活中發生效用時。當你發現，我們真的能夠運用自己的心智來控制生活並教會孩子學會這麼做，真是件振奮人心的事。

透過轉移注意力，我們可以從被內在和外在的因素所影響，轉變為影響它們。當我們意識到內在和外在的種種正在影響自己變化多端的情緒和力量時，我們就能了解它們，甚至將其做為自身的一部分去擁抱它們，同時不再允許它們指揮和定義我們。我們可以將關注的焦點轉向覺知之輪的其他面向，不再成為那些貌似超越我們控制範圍的力量的受害者，而成為影響和決定自己如何思考和感受的主動參與者。

我們能夠給予孩子的這種力量，是多麼驚人啊！當他們了解一些基本的心智省察力原理後（孩子在很小的時候，甚至在剛上小學時，就能了解一些覺知之輪的概念），他們就更有能力好好地調節自己的身體和心智，並確實改變自己體驗不同生活情境的方式。他們更能夠擺脫下層大腦和內隱記憶的束縛，心智省察力會幫助他們塑造整合的大腦，獲得更圓滿、更健康的人生。

但是，如果孩子過於執著其他面向而無法回歸意識中心時，該怎麼辦呢？換言之，如果他們過度執著於某個特定的心理狀態而不能整合自我的各個部分，又該如何？身為父母，我們知道這種「執著」總是存在。想想喬許和他的完美主義，即使在了解覺知之輪和自我的各個部分之後，他追求卓越的需求仍會不時控制住他，傑森和他的「風扇恐懼症」也是如此。對心智省察力和覺知之輪的理解具有強大的力量，但並不意味著孩子從此便能夠輕易將注意力轉向別的面向，開始新的生活。

那麼，我們能夠怎樣幫助自己的孩子，增強他們整合自我的能力，對那些限制他們的面向不那麼執著呢？我們該怎樣幫助他們發展心智省察力，藉此獲得掌握自己生活的力量呢？以下的內容提供了簡單易行的幾種方式。

全腦情緒教養 第8法

爸媽可以這樣做：

讓孩子了解心智省察力的力量

情緒如浮雲：幫助孩子懂得情緒的來去與流轉

讓孩子了解並理解自己的感受非常重要，然而讓孩子了解感受的本質也同樣重要：感受是一種暫時性的、不斷變化的狀態。它們是狀態，而非特質。如同天氣，真的下雨了，站在豪雨中卻裝做好像沒在下雨似的，是愚蠢的，然而，預期太陽不會再出現，也同樣愚蠢。

父母需要幫助孩子了解，情緒的烏雲會而且一定會消散。悲傷、憤怒、傷心或孤獨的感覺不會永遠持續下去，這對孩子來說一開始很難理解。當他們受傷或受驚時，有時很難讓他們相信這種痛苦不是永遠的。

因此我們必須幫助他們了解，感受是暫時的，平均來說，一種情緒從產生到消逝的時間不會超過九十秒。如果我們能讓孩子了解，感受是轉瞬即逝的，我們就能幫助他們發展心智省察力，就像我們之前提到的男孩，他能夠糾正自己：「我不愚蠢，我只是現在覺得自己很愚蠢。」

更小的孩子顯然需要你的幫助，但他們肯定也能理解感受的來去生滅。孩子越能夠理解感受的產生和消逝，就越不會執著於覺知之輪的周邊，越能發自意識中心地去生活和做出選擇。

全腦情緒教養第8法 情境圖解

☹ 避免置之不理和否認

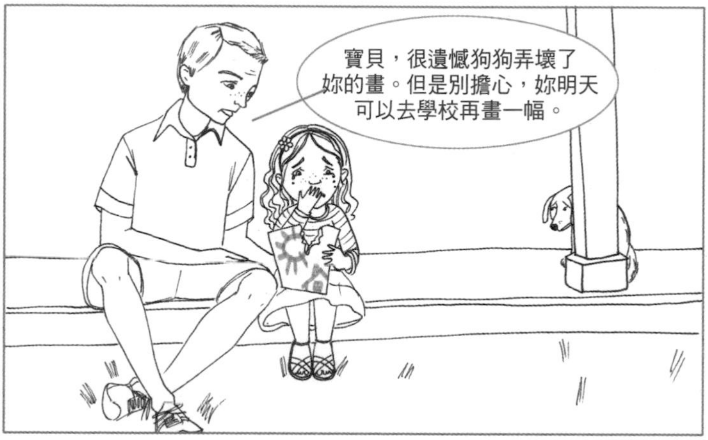

☺ 教孩子了解內心的感受只是短暫的

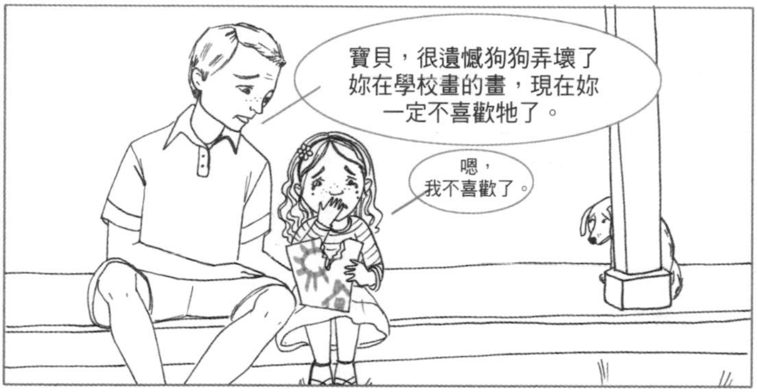

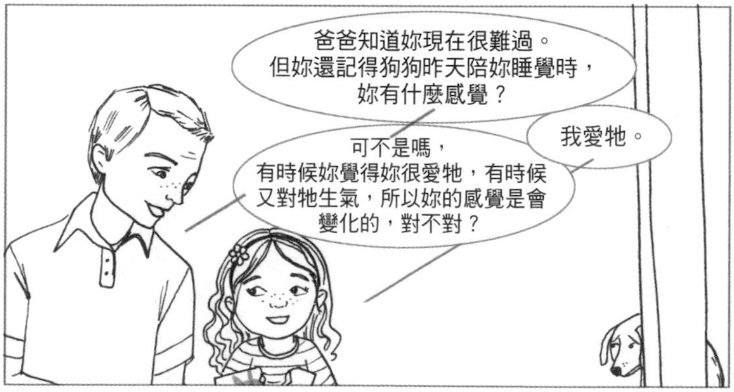

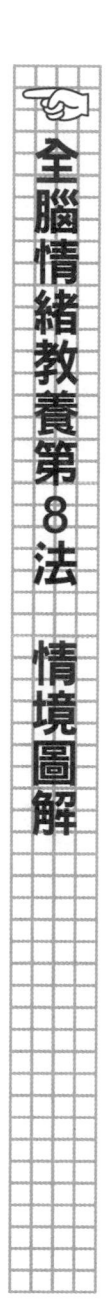

全腦情緒教養
第9法

檢視情緒：教孩子觀察內在的感受

為了讓孩子發展心智省察力，進而改變內在困擾他們的念頭、欲望和情緒，他們首先需要清楚地知道自己正在經歷什麼。這意味著父母最重要的教養責任之一，就是幫助孩子識別和理解他們自己的覺知之輪有哪些不同的面向。

用不著正襟危坐地開個會來傳達這個概念，你可以在日常互動中找機會與孩子交流。

隨處可見的「覺知之輪」

蒂娜最近發現，在早上開車送兒子上學的途中調整他的情緒很有效。她的兒子因為去不了道奇體育場而悶悶不樂，蒂娜抓住這個機會教兒子「覺知之輪」的概念：

「看看擋風玻璃上的小汙點，它們就像你現在想到和感受到的很多東西。真是多得不得了！看見這個斑點了嗎？這就是你現在對爸爸生的氣；還有那些黃色的蟲子大便，它們是你對不能去看比賽的失望；看見那塊濺開的痕跡了嗎？那是爸爸說下週末會帶你去時，你對他的信任；那邊那一塊是你知道你今天還是會很開心，因為你將和萊恩一起吃午飯並在下課時踢足球……」

你可以利用任何隨手可及的東西——擋風玻璃、腳踏車車輪、鋼琴鍵盤或手邊的任何東西，幫助孩子明白，他自己有很多不同的部分，他可以了解這些不同的部分，並且把它們整合起來。

引導孩子意識到自己有哪些面向的最好辦法之一，就是幫助他們學習「檢視」所有正在影響他們的大腦畫面、身體感官知覺、情緒感受和念頭。

「檢視」身體感官知覺

藉由留意身體感官知覺，孩子便能夠更加清晰地認識到體內發生的變化。他們能夠學會識別各種信號：胃部攪動的感覺是焦慮的表徵、想打人的欲望是憤怒或沮喪、肩部沉重是悲傷的表現等。他們能夠識別感到緊張時身體的緊張感，然後學習用放鬆肩膀、連續的深呼吸來恢復平靜。僅僅只是辨認出不同的感覺，比如飢餓、疲憊、興奮和焦躁，就能讓孩子清楚了解並調節自己的感受。

「檢視」視覺心像

除了感覺之外，我們還應該教孩子檢視那些會影響他們看待世界方式的視覺心像（大腦畫面，image）。有些視覺心像來自過去，比如父母親躺在醫院病床上，或者自己在學校裡遭到嘲笑。另一些可能是由他們的想像或噩夢所臆造的，比如一個擔憂自己會被遺棄或在下課時被孤立的小孩，也許會想像自己一個人孤零零地邊鞦韆；一個非常怕黑的小孩，他的恐懼可能來自噩夢之後留在記憶中的影像。如果孩子能夠覺察到自己腦中活躍的視覺心像，就能夠運用心智省察力來控制這些視覺心像，並大力消除它們對自己的影響。

「檢視」情緒感受

我們還應該教孩子檢視他們正在體驗的感受和情緒（見圖5-4）。耐心地詢問孩子的感受，並幫助他們把這些感受具體化，從模糊的情緒描述，比如「還好」和「很糟」，轉換為更準確的用詞，比如「失望」「焦慮」「嫉妒」和「興奮」。孩子通常無法表達出特定情緒的複雜性，其中一個原因是他們還沒有學會成熟地看待自己的感受，即認識到情緒的多樣性和豐富性。因此，他們只能簡單地用非黑即白的方式來描繪自己的情緒圖像，而無法回饋完整的情緒。在理想的情況下，我們希望孩子認識到自己擁有的豐富情緒就像多彩的彩虹，有著各種不同的可能性。

如果不能用心智省察力洞察整個大腦，孩子就會囿於只有黑與白的視角，像一部老舊的電視機一樣，一遍又一遍地重播古老的節目。而當他們擁有一套完整的情緒圖像時，他們就能夠欣賞到深刻、活躍的感情生活所演繹的生動彩色影片。你可以在與孩子的日常互動中不斷地教他們這一點，甚至在他們學說話之前就可以開始。「我知道不讓你吃糖你很失望。」當他們再大一點，你可以教他們了解更微妙的情緒。「很遺憾你的

情 緒

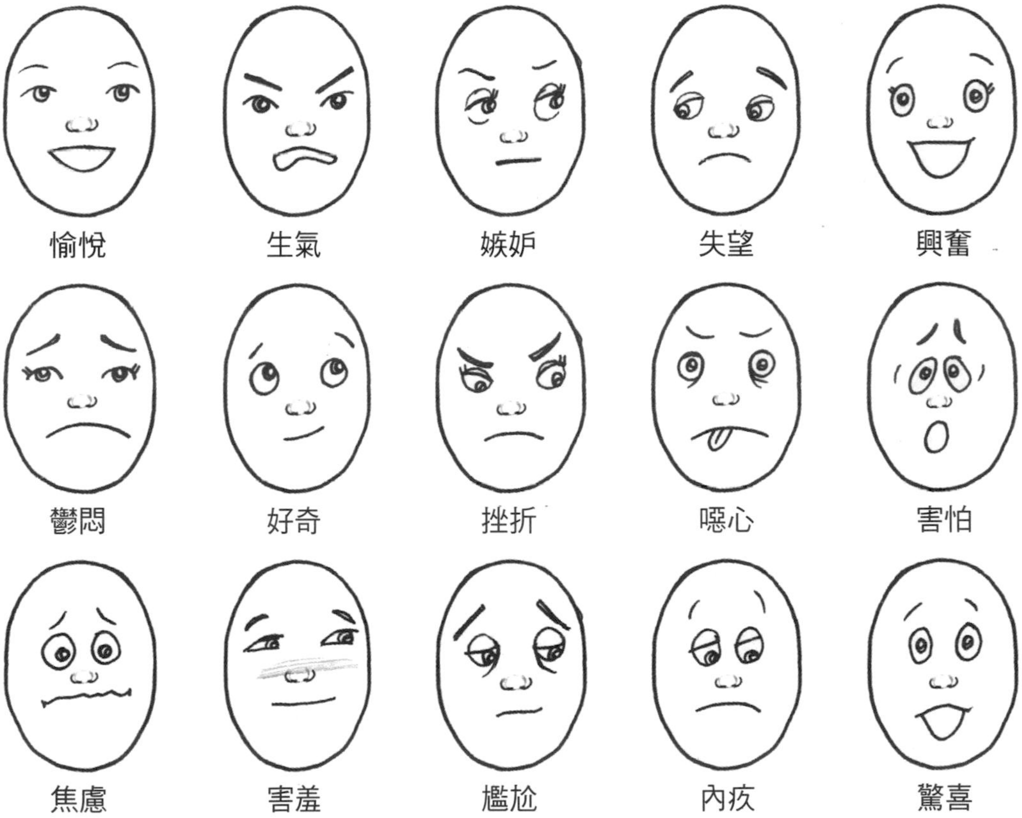

圖 5-4

滑雪之行取消了。如果我遇到這樣的事，我可能會覺得生氣、失望、受傷、掃興，你還有別的感受嗎？」

「檢視」念頭

念頭不同於感官知覺和視覺心像，念頭在檢視過程中可說是更偏向左腦的功能。念頭是我們的所思所想，是我們對自己說的話，是我們用語言講述自己生命故事的方式。跟檢視感官知覺和腦海畫面一樣，孩子也能學會留意他們腦中閃過的念頭，並且明白不是每個念頭都必須相信。他們還可以跟那些沒用、不健康的，甚至不真實的念頭爭辯。

透過這樣的自我對話，他們便能夠將注意力從限制他們的面向上移開，轉向那些有利於獲得快樂和成長的面向。心智省察力能幫助他們回到意識中心，留意自己的念頭。接著從覺察開始，他們可以用自我對話提醒自己，其他的面向、念頭和感受也是自身重要的組成部分。

「檢視」的意義

一個十一歲的女孩可能會皺著眉頭對著鏡子說：「露營時把自己曬成這樣真是太蠢了，太蠢了！」但是，如果父母教過她如何與自己的負面念頭爭辯，她可能會退一步糾正自己說：「算了吧，這跟愚蠢沒關係。有時候忘記一些事很正常。今天幾乎所有的孩子都曬傷

全腦情緒教養第9法 情境圖解

☹ 避免置之不理和否認

☺ 嘗試運用心智省察力來控制內心的視覺心像

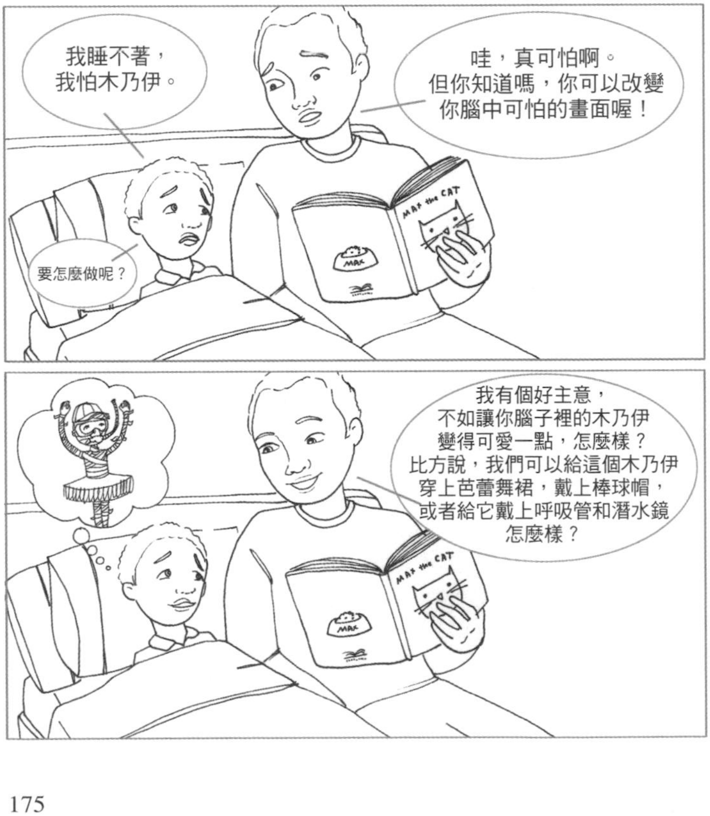

了。」

藉由教孩子檢視腦中的活動，我們便能夠幫助他們辨別是哪些面向正在影響自己，並且幫助他們獲得更多對生活的洞察和掌控權。以下我們將討論大腦如何接受不同的刺激，同時也請注意這個過程是如何整合的。

神經系統像強大的天線一樣在我們的全身擴展，通過五種感官讀取不同的生理感受。然後，我們調動右腦產生視覺心像，將它與從右腦和大腦邊緣系統中產生的感受相結合。最後，我們把這一切與源自左腦的有意識的思想和來自上層大腦的分析技巧結合起來。

思想是可以被塑造的

檢視機制教了我們重要的一課：我們的身體感官知覺塑造了我們的情緒，而我們的情緒塑造了我們的思想和腦中的圖像；反之亦然。如果我們冒出了敵對的念頭，在這種念頭的影響下，我們會產生憤怒的感受，接著我們的肌肉會變得緊張。我們身上的所有面向（感官知覺、視覺心像和念頭思想）都是相互影響的，它們共同創造了我們的心理狀態。

下次當你和孩子一起待在車上時，可以花幾分鐘玩一下「檢視遊戲」，透過提問來推動他啟動檢視機制。你可以用以下這個例子開頭。

你：我先說一些我們的身體感官知覺告訴我們的事。我餓了，你呢？你的身體告訴你什麼？

孩子：安全帶有點緊。

你：這個不錯，我馬上調整。畫面呢？你的腦袋裡有沒有出現什麼景象？我正在回憶你在學校演喜劇的滑稽場面，你戴著一頂可笑的帽子。

孩子：我正在想那部新電影的預告，就是外星人的那部。

你：好，我們一起去看。現在來說說感受。我一想到爺爺奶奶明天要過來，就覺得很興奮。

孩子：我也是！

你：好的，感官知覺——視覺心像——情緒感受……現在輪到念頭了。我剛剛想到我們該買牛奶了，我們到家前得停一下去買。你想到了什麼呢？

孩子：我一直在想姊姊應該多做些家事，因為她比我大。

你：（笑）我很高興你很會出主意。關於這點我們可以再想想。

雖然有時候這樣的對話顯得很傻，「檢視遊戲」卻不失為一個讓孩子練習關注自己內心活動的好辦法。記住，**談論大腦，就是在發展大腦。**

全腦情緒教養
第10法

訓練心智省察力：運用覺知之輪回歸意識中心

我們已經討論了心智省察力和專注的力量。當孩子執著於自己覺知之輪的某一組面向時，我們需要幫助他們轉移注意力，促進他們的自我整合。他們將發現自己不必成為感官知覺、大腦畫面、情緒感受和念頭的受害者，從而決定如何思考和感受他們經歷的一切。

這些能力不是天生的，但是透過教育，孩子能夠學會如何將注意力轉向內在的意識中心。對家長來說，最好的辦法是教孩子進行心智省察力練習，這對「回歸意識中心」很有幫助。幫助孩子回到覺知之輪的意識中心，也就是幫助他們變得更加專注，便能夠清醒地覺察身上的眾多面向對自己情緒和狀態的影響。

以下的例子講述了安德莉亞如何幫助九歲的女兒妮可回到意識中心，處理即將到來的音樂演奏會的焦慮。

音樂會當天早上，安德莉亞意識到，在朋友和朋友的父母面前演奏小提琴讓妮可感到緊張，這完全是可以理解的。她知道女兒的感受是正常的，但是也希望能夠幫助女兒減輕焦慮，因此她教女兒做心智省察力練習。

安德莉亞要妮可平躺在沙發上，自己坐在旁邊的椅子上，接著開始幫助女兒觀察自己的內在狀態。她對妮可說：

「好的，妮可，等妳躺好後，環視一下整個房間。不用動頭，妳就能看見桌上的檯燈。現在看一下妳小時候的照片。看見了嗎？再看一下書架，妳看見那一大本《哈利波特與魔法石》了嗎？現在再回來看著檯燈。

「妳有沒有發現，妳有能力讓注意力在房間中轉換？這就是我想告訴妳的。但是先讓我們把注意力集中到妳的大腦和身體上。閉上眼睛，集中注意力，留意妳的念頭、情緒感受和身體感官知覺。讓我們從聽開始。我會安靜一會兒，妳注意聽聽看有什麼聲音。

「妳聽到了什麼？汽車開過？狗在街上叫？妳聽見哥哥在浴室裡開水龍頭了嗎？妳能夠意識到這些聲音，是因為妳在安靜地聽。妳是主動去聽的。

「現在我希望妳留意自己的呼吸。首先，注意空氣通過呼吸進出妳的鼻子，然後感覺一下胸部的起伏，現在注意在每次吸入呼出時胃部的起伏……

「我還要再安靜一會兒。在這段時間裡，繼續關注妳的呼吸。會有一些其他想法闖進妳的腦中，妳也許還會想到音樂會。沒關係。當妳注意到思緒開始遊走，妳開始胡思亂想或開始擔心了，就再次把注意力轉移到呼吸上。自然地跟隨呼吸的節奏。」

大約一分鐘後，安德莉亞請妮可睜開眼睛坐起來。安德莉亞向妮可解釋，這是一個放鬆身心的好辦法。她讓妮可記住這個練習以備不時之需——比如音樂會開始之前幾分鐘。如果在演奏小提琴之前，她開始感覺心臟怦怦直跳或者緊張得渾身冒汗時，就可以立刻回到對呼吸的關注上，不閉上眼睛也可以。

在這個例子中，當安德莉亞幫助妮可關注自己的呼吸時，妮可不僅釋放了焦慮感，還回到了她的意識中心，注意到自我的其他部分，並留意身體的感覺，根據感覺的變化有意識地做出調整。如此一來，她體內與全然關注呼吸有關的神經元，便開始與跟平和、幸福感相關的神經元連結。她進入了一種全新的狀態，並且隨時可以回歸意識中心。

小一點的孩子也能從心智省察力練習中獲益。即使是四、五歲的小孩，也能學會關注自己的呼吸。一個不錯的技巧是，讓他平躺下來，在他的肚子上放置玩具，比如小船。讓孩子注意這條小船，注視著它隨著自己的呼吸而起伏。

不過，我們並不是說進行心智省察力練習一定得躺下來並進入冥想狀態。當孩子焦慮、擔憂或失眠時，你能給他們的最有效的工具之一，是教他們想像一個讓他們感到放鬆和平靜的場景：躺在竹筏上漂浮在池塘中、坐在記憶中露營過的小河旁，或者在祖父母家中的吊床上悠閒地搖晃。

心智省察力練習能夠幫助孩子管理他們的焦慮、沮喪和強烈的憤怒情緒，這不僅有助於他們的健康成長，還能讓他們獲得無限發展的能力，在將來擁有繁盛的人生。

在安德莉亞教妮可在音樂會開始之前進行心智省察力練習之後（她最終放鬆下來，演奏

全腦情緒教養第10法 情境圖解

☹ 避免置之不理和否認

☺ 試試心智省察力練習，培養專注力

得很精采），她們又不時進行類似的練習，比如上述的想像練習。隨著年齡增長和不斷的練習，妮可加深了對自己覺知之輪意識中心的了解，能夠更容易、更迅速地回到意識中心。她學會了更準確、更具體地把注意力導向她想要發展和成長的那部分自我。

你應該留意生活中的機會，隨時教孩子保持鎮定和放鬆，並獲得內心深層的平靜。以此為基礎，他們將更有能力穿越那些不時在內心掀起的風暴，而且在長大成人的過程中，不論是在情緒、心理還是社會層面，都更有機會享有繁盛的人生。

全腦兒童

教孩子整合自我的不同部分

我們已經提供許多如何向孩子介紹心智省察力與專注力的方法，你可以和你的孩子一起閱讀以下的圖例，教導他這些觀念。

【你可以選擇你的想法】

1

你有過「困在」某種感受或念頭之中的經歷嗎？這讓人很不快，但它是如此強大，使你忘記了其他讓你快樂的感受和念頭。

2

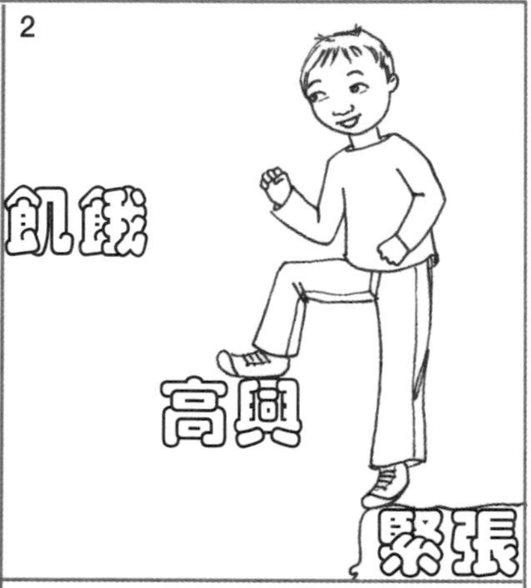

幸運的是，你不必一直停留在讓你痛苦的感受之中。你可以學習關注自我的其他部分，走出困境。

3

納西姆控制不住自己，他非常擔心拼字比賽，擔心得都胃痛了。他不想吃午餐，下課也不想玩耍。他唯一能想到的就是拼字，他太緊張了。

4

老師教他覺知之輪的概念：我們的心靈就像一個車輪，輪子的中心叫做「意識中心」，這是一個安全的地方。在這裡，大腦可以放鬆下來，還可以選擇思考的方向。

【案例】

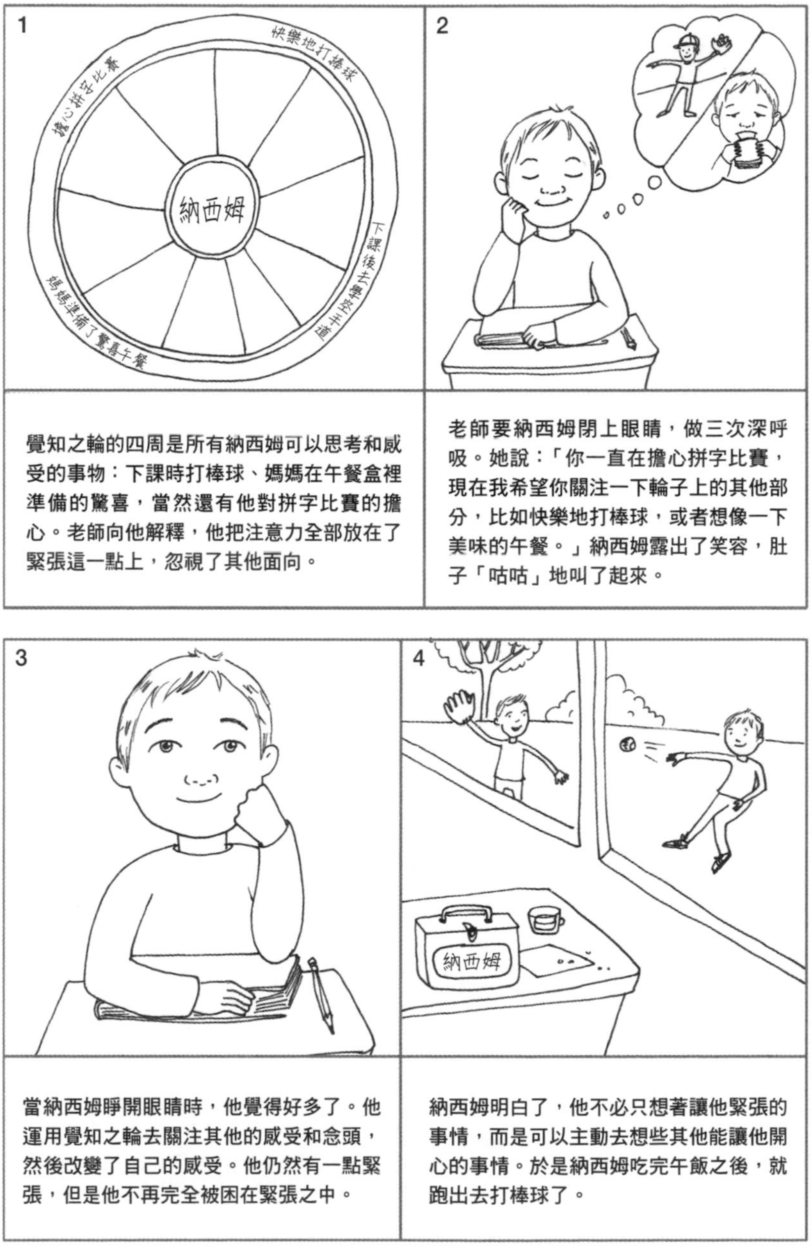
1
擔心拼字比賽
快樂地打棒球
納西姆
下課後去學空手道
媽媽準備了驚喜午餐
覺知之輪的四周是所有納西姆可以思考和感受的事物：下課時打棒球、媽媽在午餐盒裡準備的驚喜，當然還有他對拼字比賽的擔心。老師向他解釋，他把注意力全部放在了緊張這一點上，忽視了其他面向。
2
老師要納西姆閉上眼睛，做三次深呼吸。她說：「你一直在擔心拼字比賽，現在我希望你關注一下輪子上的其他部分，比如快樂地打棒球，或者想像一下美味的午餐。」納西姆露出了笑容，肚子「咕咕」地叫了起來。
3
當納西姆睜開眼睛時，他覺得好多了。他運用覺知之輪去關注其他的感受和念頭，然後改變了自己的感受。他仍然有一點緊張，但是他不再完全被困在緊張之中。
4
納西姆
納西姆明白了，他不必只想著讓他緊張的事情，而是可以主動去想些其他能讓他開心的事情。於是納西姆吃完午飯之後，就跑出去打棒球了。

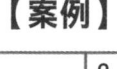

善用覺知之輪來教養

父母也能從了解心智省察力和自己的覺知之輪中，在許多面向上獲益。透過以下的討論，你也能發現和體會到。

從你的意識中心出發，檢視你自己的思想。你的注意力現在在哪些面向上？有以下這些嗎？

- 我好累。真希望能多睡一小時。
- 兒子把棒球帽扔在地板上，氣死我了。等他回家我得好好說說他，還有他的作業！
- 跟庫柏一家吃晚餐應該會很開心，可是我不太想去。
- 我累了。
- 要是能做點自己的事就好了。好吧，至少最近讀的這本書讓我很愉快。
- 我說過我很累了吧？

所有這些大腦畫面、感官知覺、情緒感受和念頭，都是你的覺知之輪周邊的面向，它們共同決定了你的心理狀態。

現在我們來看看，如果你主動將注意力引向其他面向，會發生什麼。放慢節奏，讓心情平靜下來，問自己這些問題：

- 最近我的孩子說了什麼好玩的話，做了什麼可愛的事呢？
- 雖然有時候麻煩得要命，但我其實是真的願意成為父母並以為人父母為傲？如果我現在沒有小孩，會是什麼樣子呢？
- 我的孩子現在最喜歡的T恤是哪一件？我還記得她的第一雙鞋嗎？
- 我是否能夠想像出我的孩子年滿十八、打包好行李離家去上大學的樣子呢？

是不是感覺不一樣了？你的狀態有變化嗎？

這就是心智省察力的作用。從意識中心出發，留意你覺知之輪的各個面向，你就能覺察到自己正在經歷的一切。然後，你可以轉移焦點，主動將注意力轉向其他面向，由此，你的整個精神狀態都會發生改變。這是你的大腦產生的力量，這股力量是如此確實而根本地改變了你對孩子的感受，以及與他們互動的方式。在缺乏心智省察力的情況下，你將執著於覺知之輪的外圍面向，深陷在沮喪、生氣或怨恨之中。此時，為人父母的喜悅不復存在。但是透過回歸意識中心、調整焦點，你將開始體驗到，為人父母是多麼令人欣喜和值得感恩的事——僅僅只需要關注，並把注意力調整至新的面向。

心智省察力有很強的實用性。例如，回想一下你最近一次對孩子生氣的場景。你氣得七竅生煙，簡直要失去控制了。記住他做了什麼以及你所感受到的暴怒情緒。在這種時候，你的憤怒簡直要燃燒起來，怒火蔓延至覺知之輪的整個周邊。

事實上，怒火已經遮蔽了其他面向，你對孩子的感受和認識在那一瞬間都不存在：你忘了你的孩子只是個普通的四歲小孩；你忘了五分鐘前你們一起玩牌時還笑到抽筋；你忘了你曾向他承諾，生氣時再也不捏他的手臂；你忘了你本來想以身作則，當個合理表達憤怒情緒的好榜樣……

這就是我們沒有通過意識中心整合時，整個人被擊潰的狀態。下層大腦接管了上層大腦的功能，其他的面向完全被你強烈怒火所散發出的刺眼光芒所掩蓋——也就是傳說中的「抓狂」狀態。

這種時候能做什麼呢？沒錯，你猜對了，整合。運用你的心智省察力，藉由關注呼吸，你將走出回歸意識中心的第一步。這是從完全消耗在某一種（或幾種）面向的困境中跳出來的必要步驟。一旦回到意識中心，你就有可能採取更廣闊的角度，發現你的腦中有著更多的面向。你可以喝口水、休息一下、伸伸懶腰，或者花幾分鐘冷靜一下。然後，一旦你將注意力帶回意識中心，你就能自由選擇如何回應孩子的行為，並修復親子關係中的裂痕。

這並不意味著你要對孩子壞行為視而不見，絕對不是！事實上，你需要整合的其中一個面向，就是設定清晰而堅固的界線的信念。你可以採取的角度有很多種，可以渴望孩子改善行為，也可以擔心你自己的回應造成了何種影響。

當你把所有這些不同的面向融為一體，也就是從意識中心出發整合你的頭腦時，你將成為善解人意、敏銳、從容不迫的父母。在全腦整合運作的狀態下，你便能與自己的內在緊密相連，也就能跟孩子建立起緊密的連結。具備心智省察力和完整的自我，你將更容易按照自己的真實意願來做出回應，而非在某一個瞬間、某個點上劇烈情緒的驅使下做出反應。歡迎造訪我的網站 www.drdansiegel.com，做一些覺知之輪練習。

CHAPTER 6

整合自我與他人

培養孩子的人際技巧

全腦情緒教養可以幫助孩子發展強大而靈活的「我」，但孩子更需要了解成為「我們」當中一分子的重要意義。保持獨特的自我認知，並發展同理心，能讓孩子建立良好的人際關係，並從中體驗到溫暖、連結和安全感。

羅恩和姍迪快受不了了。他們七歲的寶貝科林是個乖孩子，循規蹈矩，從來不在學校裡闖禍，身邊的人都很喜歡他。但是，用羅恩和姍迪的話來說，他「自私得徹底、無可救藥」：他總是搶走最後一塊披薩，即使他的盤子裡還有好幾塊；他求父母讓他養小狗，可是小狗來家裡後，他根本不想陪牠玩，更別說清理大便了；他長大後有些玩具不玩了，卻不肯給弟弟玩。

羅恩和姍迪知道，小孩有點自我中心是很正常的，而且他們也不想改變科林的個性——他們想愛他本來的樣子。但有時科林不為他人著想的行為，很讓人崩潰。所有與此相關的能力，比如同理、仁慈和體諒，科林好像完全沒有。

有一天他們終於忍無可忍了。科林一放學就鑽進他跟五歲的弟弟洛根共同的臥室。羅恩當時正在廚房，聽見孩子們的房間裡傳來大叫的聲音。進房一看，他發現洛根正處於狂怒之中，對著哥哥和一堆畫紙和獎盃大吼大叫。

原來科林決定「重新裝飾」臥室，他把洛根所有的水彩畫和彩色筆畫都從牆上取了下來，換上自己的海報和棒球卡。除此之外，他還把洛根的兩座足球獎盃從架子上拿了下來，放上自己的搖頭娃娃。科林把洛根的所有東西都堆在角落，還說「這樣它們就不會礙手礙腳了」。

姍迪到家後，和羅恩討論大兒子帶給他們的挫敗感。他們真的相信科林的行為沒有任何惡意——事實上，這幾乎正是問題所在：他根本沒有考慮洛根的感受，也就談不上試圖傷害他。他重新裝飾房間的原因跟他總是拿走最後一塊披薩的原因一樣：他只是沒有考慮其他人而已。

這是父母經常需要面對的問題：我們希望孩子能夠關愛和體諒他人，這樣才能建立有意義的人際關係。有時候我們感到害怕，因為他們不像、也永遠不會像我們希望的那樣善良（有同情心、懂得感恩、慷慨）。但是請不要忘了，他們還是孩子，我們不能奢望七歲的孩子像個心智健全的成年人那樣行動，但肯定希望自己的孩子能夠成長為堅強、寬容、謙恭、有愛心的人，不過這對於一個剛剛學會自己綁鞋帶的孩子來說，有點要求過高了。

相信孩子的成長過程，明白我們對孩子的期望需要時間來實現，是非常重要的。不過我們仍然能夠引導他們，為他們成長為孩童、少年，並最終成為能夠完全參與人際關係、顧及別人感受的成人做好準備。

有些人腦中掌管同理和人際關係的神經通路中，神經元連結天生就比大多數人少。就像有閱讀障礙的孩子需要透過練習來建立大腦中的相關連結，在人際關係方面有障礙的孩子同樣需要建立和培養大腦中的相關連結。無力感受他人的痛苦跟學習障礙一樣，是一種心理缺陷。這是孩子成長中常見的問題，而不一定是孩子的品性有問題。即使是那些天生對連結和同情不敏感的孩子，也能夠在人際關係中感受連結的意義，並學會承擔責任。

本書前面的章節主要聚焦於如何幫助孩子拓展思維，好讓他們發展出一個強大而靈活的「我」的概念。但是像羅恩和姍迪這樣的情況，孩子們需要了解成為「我們」的一部分的重要意義，如何才能夠與他人整合。事實上，在變幻莫測的現代社會中，學習從「我」到「我們」，也許是孩子能否適應未來世界的關鍵。

同理心：連結他人的心靈

幫助孩子在成為「我們」的一分子的同時，不與內在獨立的「我」失去連結，對所有父母來說都是一個高難度的任務，但也是所有父母期待孩子能做到的。在與他人連結的同時保持獨特的自我認知，正是幸福和成就的泉源，這也是心智省察力的精髓所在。你也許還記得，心智省察力是指看清你自己的心靈，也看清別人的心靈。這意味著在保持健康的自我概念的同時，發展完善的人際關係。

在前面的章節裡，我們討論了心智省察力的第一個面向——了解我們自己的心靈。我們討論了如何幫助孩子透過覺知之輪覺察和整合自我的不同部分。在心智省察力的第一個面向中，關鍵是個體的洞察。

現在我們把注意力轉向心智省察力的第二個面向——發展了解並連結他人心靈的能力。這種連結取決於同理能力，取決於識別另一個人的感受、欲望和觀點的能力。羅恩和姍迪的兒子需要的可能就是同理技巧。除了拓展思維、整合自我的不同部分之外，他還需要不斷地練習從他人的角度看待事物，了解他人的觀念。他需要發展心智省察力第二個面向的能力。

洞察＋同理＝心智省察力

鼓勵孩子發展洞察與同理，就是賦予他們心智省察力，讓他們對自身保持覺察，也能夠與周圍的世界取得連結。但是父母該怎麼做呢？有哪些具體的方法呢？如何鼓勵孩子與家人、朋友和世界建立聯繫，同時還發展和保持獨立的自我意識呢？如何讓他們學會與別人分享？如何教會他們與兄弟姊妹相處？如何讓他們與其他孩子一起運動？如何教會他們與他人良好溝通、考慮他人的感受？這些問題的答案都在於「我—我們」的連結。藉由一窺大腦在建立人際關係中的作用，我們就能理解其中的奧祕。

為「我們」而生的社會化大腦

說起大腦，你的腦海裡會浮現出怎樣的畫面？也許你會回憶起高中生物課的景象：在容器中漂浮的奇怪器官，或者課本上的古怪插圖。這種「單腦殼」視角（認為大腦是隔絕在單個頭骨中的孤獨器官）的問題就在於，它忽視了科學家近幾十年才發現的事實：大腦是一個社會有機體，是為關係而生的。它本能地從社會環境中接收信號，再反過來影響個人的內在世界。換句話說，大腦之間的相互作用與每個獨立大腦的內部作用有很大的關係。自我和群體在根本上是有內在聯繫的，因為每個大腦都是在與他人持續的互動中建構起來的。而且，有關快樂和智慧的研究也指出，幸福的一個關鍵因素是將個人的注意力和熱情投入到他人的利益之中，而非僅僅關注與他人無關的個體利益。「我」藉由參與並融入「我們」而發現意義和快樂。

也就是說，大腦是為自我與他人間的整合而建立起來的。正如它的不同部分是為了協同工作而存在一樣，每一個獨立的大腦也注定要與互動對象的大腦發生連結。自我與他人的整合的意思是，我們不僅發展我們與他人的連結，更尊重和珍視我們與他人之間的區別。因此，我們在幫助孩子整合左腦和右腦、上層大腦和下層大腦、內隱記憶和外顯記憶之時，同樣需要幫助他們理解自己與家人、朋友、同學以及其他人之間的連結。透過理解人際關係中的大腦，我們就能夠發展孩子的心智省察力，讓他們建立更深入、更有意義的人際關係。

鏡像神經元：心智反射鏡

你是否有過這樣的體驗：看見別人喝水就覺得口渴，當別人打呵欠時自己也跟著打……這些熟悉的反應可以在一項最新、最神奇的大腦研究中得到解釋——鏡像神經元。

二十世紀九〇年代初，一群義大利神經學家研究了恆河猴的大腦。他們在這些猴子的大腦中植入電極，以監測個別神經元的變化。當猴子吃一粒花生時，某組神經元「開火」了。這並不奇怪，它在研究者的預料之中。但是，隨後一位科學家的舉動改變了我們對心智運作的看法。他拿起一粒花生，當著猴子的面吃起來。做為回應，猴子的運動神經元「開火」了——與它自己吃花生時「開火」的是同一組神經元！研究者發現，僅僅是看到他人的行為，猴子的大腦就被影響而變得活躍了。不論猴子是見證還是參與了某一種行為，都啟動了同一組神經元。

社會化大腦

大腦本能地從社會環境中接收信號，再反過來影響個人的內在世界。每個人的大腦都是在與他人的持續互動中建構起來的。

此後，科學家們開始爭先恐後地識別人類的「鏡像神經元」。雖然關於鏡像神經元的性質和機制，問題遠遠多於答案，但是我們對鏡像神經元系統的了解卻越來越多了。這些神經元可能就是同理的根源，因此也是人類大腦心智省察力的泉源。

這一切的關鍵在於，鏡像神經元只對主動的行為（行為中有某種可以被感知的可預測性或目的性）起反應。例如，如果別人只是隨意地在空中揮手，你的鏡像神經元就不會有反應。但是如果你可以利用經驗預測到那個人的舉動，比如從杯子中喝水，你的鏡像神經元就能夠在行為發生之前「計算出」將要發生什麼。當他舉起杯子時，你的神經元突觸就能預測到他將從杯子中喝水，那麼，你上層大腦中的鏡像神經元也會做好喝水的準備。我們看見一個行為，了解這個行為的目的，我們就會做好準備來反射這種行為。

這從最簡單的層面解釋了為什麼看見別人喝水我們會口渴，看見別人打呵欠我們也呵欠連連，這也可以解釋為什麼剛出生的嬰兒能夠模仿父母伸舌頭。鏡像神經元也解釋了為什麼家庭中較小的孩子有時在運動上更出色，因為他們在加入球隊前，他們的鏡像神經元在觀看哥哥姊姊運動時，就已經跟著投籃、飛踢、投擲好幾百次了。從複雜的角度說，鏡像神經元能幫助我們理解文化的性質以及我們共有的行為如何將我們凝聚在一起，包括親子、朋友及夫妻之間。

現在讓我們進入下一步。基於我們在周圍世界中看到聽到、聞到、觸摸到以及嘗到的東西，我們不僅可以反射出他人的行為意圖，還能反射出他們的情緒狀態。換句話說，鏡像神經元不僅能夠讓我們模仿他人的行為，還能夠與他們的感受產生共鳴；我們不僅能夠感覺到他人下一步的行動，還能夠感覺到他行為背後的情緒。因此，我們也把這些特殊的神經元叫做「海綿神經元」，它們像海綿一樣汲取我們在他人的行為、意圖和情緒中看到的東西。我們並非簡單地「反射」他人，而是「浸入」他們的內在狀態。

你可以留意一下朋友聚會時的情況。當你接近一群正在說笑的人時，你自己很可能也堆滿笑容或者笑出聲來，儘管你並不知道他們在笑什麼。或者當你感到緊張或有壓力時，你的孩子也會有同樣的感受。科學家們稱這種現象為「情緒感染」。他人的內心狀態，無論是快樂嬉鬧還是悲傷害怕，都直接影響了我們的心理狀態。我們將他人吸納入自己的內在世界。

鏡像神經元

由於鏡像神經元的作用，我們在周圍世界中看到、聽到、聞到、觸摸到、嘗到的東西不僅可以讓我們反射出他人的行為意圖，還能反射出他人的情緒狀態，與其他人產生共鳴。

這麼一來，你就能夠明白為什麼神經科學家要把大腦稱為社會有機體了，大腦的功能就是心智省察力。我們的生物本性就是處於關係之中，去理解他人的想法，彼此影響。我們始終強調，大腦是由經驗重塑的，這意味著我們每一次與別人的討論、爭執、玩笑或擁抱，都確實地改變著我們自己和他人的大腦。在與生命中的重要之人有過一次重要談話或者共度一段美好的時光之後，我們的大腦就不同了。

由於沒有人的大腦是與世隔絕獨立運行的，我們的精神生活也都源自我們的內部神經系統以及我們從他人身上接收到的外部信號。我們每一個人都注定要將獨立的「我」融入他人，成為「我們」的一部分。

創造積極的心理模式

這一切對我們的孩子來說意味著什麼呢？他們經歷的各種關係將為他們將來如何與他人建立連結打下基礎。也就是說，未來他們能夠在多大程度上運用心智省察力，融入「我們」，與他人連結，取決於他們與照護人（包括父母和祖父母，也包括保母、老師、同伴或其他在他們生活中有影響力的人）之間依附關係的品質。

在與生命中最重要的人相處的時光中，孩子將發展出重要的人際技巧，比如溝通、傾聽、解讀臉部表情、理解非語言訊息、分享和犧牲。同時，在良好的人際關係之中，孩子也會發展出適應周遭世界、處理人際關係的特定模式。他們將明白是否能夠放心地讓他人去了解和回應自己的需求，是否有足夠的連結和保護，來支持自己走出去冒險。簡言之，他們會明白人際關係為他們帶來的是孤獨、被忽視、焦慮和疑惑，還是被理解以及被安全地照顧。

想像一個新生兒，他生來就準備著連結，準備著將自己從別人身上看到的東西與自己的行為和內在感受聯繫起來。但是，如果「別人」不能隨時滿足他的需求，又會怎樣呢？如果他的父母無力照料他或排斥他呢（這種情況並不少見）？在這種情況下，首先侵入孩子頭腦的將是困惑和挫折感。如果缺乏與照護者之間持續而親密的連結，他可能無法在成長中發展心智省察力，也不會理解與他人相處的重要性。

我們在生命的早期就學習到運用與他人可靠的連結來安撫內在壓力，這是安全型依附（secure attachment）的基礎。但是如果我們沒有得到這樣的撫育，我們的大腦也必須竭盡所能地去適應。孩子將學會「靠自己」，**盡量**自己安慰自己。孩子大腦中跟關係、情感有關的那部分通路，由於缺乏親密和連結的滋養，在適者生存的壓力下，可能會徹底關閉。這就是在生存壓力下，社會化大腦封閉天生追求連結的驅力的過程。然而，如果這個嬰兒的父母能夠向他表達牢固、可預期的愛，積極回應他的需求，那麼他的心智省察力將得到發展，他的大腦與生俱來的建立關係的潛能也將得到開發。

並不是只有父母才能創造孩子人際關係的適應策略（或者說心理模式）。想一想，在與身邊其他人的關係中，你的孩子能學到什麼：一個教練強調人際關係心理模式在良好的人際關係之中，孩子會發展出適應周圍世界、處理人際關係的特定模式。如果父母能夠向孩子表達牢固的、可預期的愛，積極回應他的需求，孩子的心智省察力就將得到發展，並建立積極的人際關係心理模式。

合作的重要性和為隊友做出犧牲；吹毛求疵的阿姨教導一段關係的核心就是否定和找碴；某位同學戴著競爭的「眼鏡」來看待所有的關係，將每個人都視為對手或敵人；一位老師強調善良和相互尊重，在與學生的互動中為孩子們做出同情的示範。

所有這些人際關係體驗，都向孩子的大腦植入了「我們」的概念。記住，大腦用重複的經驗或聯想來預測將要發生什麼。如果人與人之間關係冷淡、疏遠、苛刻或充滿競爭，也會影響孩子對人際關係的期待。另一方面，如果孩子體驗到的人際關係中充滿哺育的溫暖、連結和保護，這種體驗就會成為他們將來的人際關係的示範，不論是與朋友、與群體中的其他成員，還是與伴侶和孩子的關係。

毫不誇張地說，你給孩子的人際關係帶來的影響將延續數代。透過給予孩子溫暖的呵護，有意識地讓他們體驗、熟悉我們珍視的人際關係，我們可以影響世界的未來。

為孩子創造通向連結的人際體驗

除了為孩子示範良好的人際關係，父母還應該讓他們練習與他人合作，從而有能力成為「我們」的一部分。畢竟，即使大腦天生具有與他人連結的能力和使命，也並不意味著孩子天生就具備人際技巧。天生肌肉發達並不能保證你能成為職業運動員，你還需要學習和練習具體的技巧。同樣的，孩子不會一出娘胎就分享玩具，更不會一開口就說：「我會克制自己的欲望，好讓我們能夠雙贏。」

相反的，占據學步幼童辭彙表的語彙大多是「我的」「我」或者「不」——這些都說明他們缺乏對做為「我們」的一分子的理解。因此，他們必須學習心智省察力技巧，比如分享、寬恕、犧牲和傾聽。

科林，羅恩和姍迪的孩子，看起來如此自我中心，但這種情況對一個孩子來說是很正常的。他只是還沒有完全掌握對成為一個有用的家庭成員來說必備的心智省察力技巧。羅恩和姍迪期望科林在七歲之前能更加融入家庭，成為合格的家庭成員。雖然他在人際關係方面的智慧正在穩定增長，但他仍然需要多加練習。

對害羞的孩子來說也是一樣。麗莎向我們描述了兒子在朋友四歲生日派對上的畫面。

生日派對上，除了麗莎的兒子伊恩之外，所有的孩子都緊緊地圍繞在一位扮成「朵拉」（譯注：《愛探險的朵拉》由美國尼克頻道製作，是一部風靡全球的美式英語卡通影集，是專為學齡前兒童設計的語言學習節目）的年輕女士身邊。他堅定地站在離這些合群的孩子兩公尺遠的地方。他上幼稚園的音樂課時情況也差不多，當其他小朋友又唱又跳，用手指學童謠時，伊恩只肯坐在母親的腿上，羞澀地旁觀。

多年來，麗莎和丈夫不斷地鼓勵兒子去建立新的關係，他們小心翼翼，但並不逼他。透過不斷替兒子創造與其他小朋友互動的機會，向他示範如何交朋友，在他感到緊張害怕時支持和安慰他，他們協助這個內向的孩子發展出必要的社交技巧。

現在，雖然伊恩在社交場合仍然無法勇往直前，但他總是很自在，有時候甚至很活躍。他跟人說話的時候，能夠看著他們的眼睛，在班上還會舉手回答問題，甚至還常常在下課時熱情地帶頭領唱歌曲呢。

研究人類個性的研究者告訴我們，害羞在很大程度上是父母遺傳給孩子的，它其實是一個人一出生就帶有的核心個性。但這並不代表害羞無法大幅改善，看看伊恩這個例子就知道了。事實上，父母如何對待孩子的害羞，將直接影響孩子如何對待自己的這部分個性，也決定了孩子未來害羞的程度。

我們的意思是，父母如果對孩子採取正確的教育方式，就能夠影響孩子天生遺傳而來的氣質。透過鼓勵並創造機會發展孩子的心智省察力技巧，我們可以為孩子與他人相處、體驗有意義的人際關係做好充足的準備。我們稍後將討論具體的步驟，在此之前先解釋一下為何要讓孩子在關係中學會接納。

幫助孩子在關係中學會接納

如果想把孩子培養成關係中健康獨立的個體，我們就需要幫助他們創造一個開放、包容的內在狀態，而非封閉、反射式的狀態。我將以一個練習來說明，我諮商過的許多家庭都做過這個練習。

首先，我告訴他們，我將重複唸一個詞好幾次，而他們只需要注意自己的身體感官知覺。第一個詞是「不」，我用堅定和稍帶嚴厲的聲音重複唸了七次，每次間隔兩秒，接著稍做停頓，再用清晰而溫柔的聲音重複唸七次「是」。之後，大部分案主回饋，「不」字聽起來壓抑而憤怒，他們感覺自己被封閉和訓斥了；相反的，「是」字讓他們感覺鎮定、平靜，甚至輕鬆。你可以現在就閉上眼睛，自己試試看。注意在你或你的朋友數次說出「不」和「是」時，你身體的反應。

這兩種不同的反應表明了「反射式」心態和「接納式」心態的區別。當神經系統進入反射模式時，實際上是一種「戰鬥—逃跑—僵住」（fight-flight-freeze）的反應狀態，在這種狀態下，一個人幾乎不可能以一種開放和關愛的方式與另一個人連結。還記得杏仁核和下層大腦中，一旦你感到威脅就不假思索、即時反應的部分嗎？當我們的焦點都集中在自我防禦上時，我們的任何行為都只是在說「不」的狀態下的條件反射。我們草木皆兵，難以相處，無法認真傾聽，先入為主地認為他人有罪，完全無法考慮他人的感受。把恐懼投射到所聽到的話語之上，即使中立的評論也會變得火藥味十足，這就是我們在反射式的心態下，隨時準備戰鬥、逃跑或僵住時的狀態。

另一方面，當我們處於接納狀態時，大腦中一組不同的神經通路便被啟動了。在以上的練習中，進行到「是」的部分時，大部分人都會產生一種積極的體驗。他們的臉部肌肉和聲帶放鬆了，血壓和心跳恢復正常，更加開放地理解他人想要表達的東西。簡言之，他們變得更加接納了。反射式反應源自下層大腦，只會為我們帶來封閉、沮喪、防衛的感受。相反的，接納的狀態能開啟上層大腦中一組不同的神經通路，也就是社交系統，讓我們與他人連結，並體會到安全感和存在感。

父母在與孩子互動的時候，最好能辨別出他們是處於反射式狀態，還是接納狀態。這當然也要求父母們具備一定的心智省察力。我們需要考慮孩子在特定情況下的特定狀態（也包括我們自己的狀態）。

當你拖著四歲的孩子離開公園，她尖叫著「我還想盪鞦韆」，這時可能並不是跟她談論什麼「恰當地控制自己的強烈情緒」的好時機。等她的反射式狀態過去，她變得更加接納時，再跟她談你希望下一次她在感到失望時如何表現。同樣的，當你十一歲的孩子無法參加嚮往已久的藝術專案時，即使你想安慰他，也可能得忍一忍，別急著拋出

「保持希望」「另做打算」之類的外交辭令。下層大腦的反射狀態無法處理上層大腦的語彙，通常在反射式狀態下，非語言的溝通要有效得多。

隨著孩子的成長，我們要幫助他們在關係中變得更加接納，發展出與他人合作的心智省察力技巧。然後，接納將昇華為共鳴——一種由內而外的與他人的融合，這將讓他們享受到有意義的人際關係帶來的深刻與親密的感覺。否則，孩子的心靈將漂泊無依，始終被孤立的感覺所左右，沒有願望也沒有能力融入他人。

在我們講述鼓勵接納的人際技巧之前，最後再說一點：在幫助孩子在與人交往的過程中變得更加接納之時，我們要時刻謹記保持他們獨立個性的重要性。對一個使盡渾身解數要打入學校裡「壞女孩」圈子的十歲女孩來說，問題可能不在於她不夠接納，不能融入「我們」，而是剛好相反，她喪失了「我」的概念，對那幫不良少女言聽計從。

「反射式」和「接納式」心態

當我們進入反射模式時，我們幾乎不可能以開放和關愛的姿態去與其他人連結；而當我們處於接納狀態時，我們會積極地與他人建立連結，並在與他人的關係中感覺到安全感和存在感。

任何健康的人際關係，無論是親情、友情、愛情，還是其他情感，都是由心理健康的個體之間相互連結而成的。要成為健康良好的「我們」的一部分，個體必須同時是獨立的「我」。就像我們不希望我們的孩子過分偏向左腦或右腦，我們同樣也不希望他們過於個人主義，這將導致他們自私、孤立，或者過分依賴他人，令他們依賴性強、心理過於脆弱，容易在不健康和有害的關係中受傷。我們希望孩子們能夠全腦發展，建立整合的人際關係。

爸媽可以這樣做：

幫助孩子整合自我與他人

全腦情緒教養 第11法

為家注入趣味：讓親子互動更愉快

你有沒有這種感覺：你花了所有的時間，要嘛在管束孩子，要嘛帶著他們在各種活動中「趕場」，卻沒有足夠的時間享受親子時光？大多數人偶爾都會有這樣的感覺。有時候很容易忘記要享受簡單的天倫之樂。

人的天性除了彼此融入，還有玩樂和探索。事實上，「玩耍教育」是讓孩子提升人際能力、鼓勵他們與他人連結的好辦法。因為玩耍會帶給他們與人相處的積極經驗，而這個他人就是他們相處得最多的人：父母。

當然，應該要為孩子設立規則和界線，讓他們為自己的行為負責，但是在你保持父母威信的同時，不要忘記跟他們愉快地玩耍。玩遊戲、講笑話、搞怪、關注他們關心的事情……他們越是享受和你們在一起的時光，就越是看重人際關係，也越會對未來的人際關係抱有積極健康的期待。

原因很簡單。當你們一家人在一起時，孩子享受到的每一次快樂、愉悅的親子時光，對他們與他人相親相愛都是一種正面強化，其中一個原因與大腦中分泌的化學物質多巴胺有關。多巴胺是一種神經傳導物質，能夠加強腦細胞間的溝通。當愉快的事情發生時，腦細胞會接收到所謂的「多巴胺噴出現象」（dopamine squirt），促使你想要再次體驗這種快感。

這意味著當你的兒子用「彼得潘之劍」將你「刺死」並高興地尖叫時，當你和女兒一起在音樂會或客廳中跳舞時，當你和孩子在家庭的園藝或活動中一起勞動時，這些經驗都在加強你與孩子之間的聯繫，並且讓他們知道：人際關係是積極、有回饋而充實的。所以，大膽嘗試吧，比如就在今天吃完晚餐後大聲宣布：「所有人一起把盤子送回廚房，然後帶一條毯子到客廳集合。今晚我們要在碉堡裡吃冰棒！」

另一個可以培養孩子接納性的家庭活動，是與孩子一起玩即興遊戲。這種遊戲的基本概念跟即興喜劇差不多，表演者必須採納現場觀眾提出的建議，把這些隨機的點子用有趣的方式融入表演之中，還得言之成理。如果你和孩子喜歡表演，就可以一起實地演練。這項活動還有一些簡單的版本，比如故事接龍或詞語接龍。諸如此類的遊戲和活動不僅能讓家庭歡笑不斷，還能讓孩子練習接納生活中各種出乎意料的轉變。不要把這個遊戲搞成嚴肅的教學活動，不過你可以留心找機會，清楚明白地在遊戲中傳達接納的概念。自發性和創造性是非常重要的能力，新奇也能激發多巴胺的產生。

玩樂原則也同樣適用於手足之間。最近的研究發現，預測成年時期手足情誼的最佳手段，是看孩子們在幼年時一起玩耍的程度。雖然產生衝突的機率也很高，但同時產生的大量歡樂能夠平衡這些衝突。真正的危險是手足之間忽視彼此——這樣也許少了在他們之間斡旋的壓力，但同時也會造成他們在成年後關係疏遠。

所以，如果你想在你的孩子們之間發展親密長久的關係，請參考以下的公式：他們一起享受的歡樂應該多於他們經歷的衝突。你永遠也不可能讓衝突化為零，手足之間總會爭吵，這很正常；但如果你能增強公式的另一邊，為他們創造大量製造積極情緒和回憶的機會，你就能在他們之間創造強大的聯繫，這種牢不可破的關係很可能會持續一生。

有些手足之樂自然而然就會發生，但是你仍然能助他們一臂之力。打開一盒新的粉筆，讓他們一起創作一個瘋狂的新怪物；讓他們用攝影機拍一部片；讓他們一起為祖父母製造驚喜……只要想方設法讓你的孩子們在一起玩得開心，加強他們之間連結的紐帶，無論你做什麼都行——全家騎車出遊、玩桌遊、一起做餅乾、一起用水槍對付媽媽……

當孩子之間鬥氣或相互挑釁時，你還可以用玩樂，甚至是裝傻的方式來幫助他們轉換這些不好的狀態。不過，有時候他們沒有心情看你出醜或嬉鬧，尤其是大一點的孩子，這時你就要知趣。如果你能夠敏感地觀測到他們對你的童心的反應，將讓你輕鬆而有效地幫助孩子轉換感受。

你的心理狀態能夠影響孩子的狀態，大驚小怪、神經過敏也能轉換為逗趣、歡笑和連結。

全腦情緒教養第11法 情境圖解

☹ 避免命令和要求

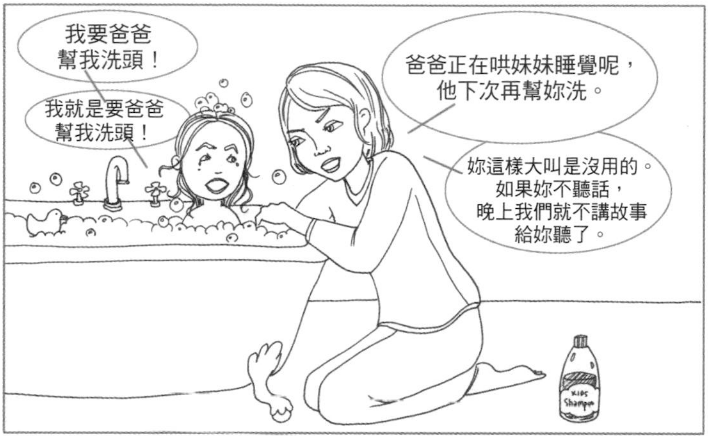

☺ 試著和孩子玩耍，增進親子互動

全腦情緒教養

第12法

在衝突中保持連結：教孩子在吵架時想著「我們：我和你」

我們可能想讓孩子遠離所有的衝突，但是我們做不到。只要他們處在關係之中，就必然要面對爭吵和分歧。我們能夠做的是，教給他們基本的心智省察力技巧，讓他們知道如何用健康而具有建設性的方式來處理衝突，在與人相處的過程中出現問題時，懂得如何應對。

另外，每一次的衝突不僅僅是要度過的一次難關，也是你教給孩子重要的一課，是讓他們擁有更好人際關係的機會。處理衝突並不容易，對成人來說也是如此，因此，我們不能對孩子期待過高。但是我們可以教他們一些簡單的技巧，幫助他們解決人際衝突，在走向成年的過程中享受人生。以下介紹三個發展心智省察力的技巧。

以他人的角度看世界：幫助孩子理解他人的立場

以下這個情節，你是不是覺得很熟悉？你正在書桌旁工作，七歲的女兒湊了過來。她看起來很生氣，向你告狀說哥哥馬克剛才叫她笨蛋。當你問她哥哥為什麼說這種話時，女兒堅持說沒有原因，只是反覆強調「他就是說了」！

從他人的角度看待問題，對任何人來說都很難做到。我們習慣從自己的角度看待事物，而且通常只看見我們想看見的。但是，如果我們多加運用心智省察力，從他人的角度看待世界，就更有機會用健康的方式來化解衝突。

要教孩子這個技巧十分困難，尤其是在激烈的爭吵之際。然而如果我們對自己的言行保持警覺，就更可能取得理想的教育效果。比如，你可能想說：「呃，妳怎麼惹到哥哥了？我想他不會無緣無故就叫妳笨蛋。」

但是如果你能夠保持冷靜，明白你想要告訴女兒什麼，你就可能讓這場談話有一點點不同。首先你會表現出你注意到女兒的感受。記住，先連結，再引導。這將會降低她的防衛心理，讓她更可能注意到哥哥的感受。然後你可以著重於你的目標，培養女兒的同理心。

即便如此，我們也並不總是能夠跟孩子溝通，然而透過向孩子詢問他人的感受，讓他明白為什麼別人會做出這樣的反應，就能夠促進孩子的同理心。考量他人的想法需要我們運用右腦和上層大腦，兩者都是讓我們建立成熟、充實的人際關係的社會神經迴路的一部分。

教孩子理解非語言訊息，真正聽懂他人的言外之意

教孩子注意聽別人說話是很重要的：「認真聽他說話。他說了他不想被水龍頭噴到！」但是人際關係中很重要的一部分是傾聽那些沒有說出來的東西，孩子們通常不太

擅長。這就可以解釋，為什麼你的兒子把餅乾浸到妹妹的優酪乳中，把妹妹弄哭了，而你訓斥他時，他委屈地說：「但是她喜歡這樣啊！我們正在玩遊戲呢。」

非語言訊息表達的內容有時候比話語還要豐富，因此，我們要做的是幫助孩子運用右腦，增進對他人言外之意的理解——即使他們根本沒張口。孩子的鏡像神經系統已經能夠正常運作了，因此我們能幫上忙的部分，其實是協助孩子將鏡像神經系統之間正在交流的內容外顯化。

例如，在贏了一場重要的足球賽之後，你的兒子需要你幫助他意識到，他在對手隊伍裡的朋友雖然說自己沒事，但他現在的確很需要安慰。做為證據，你可以向他指出那位朋友的身體語言和臉部表情——耷拉的肩膀、下垂的腦袋和沮喪的臉。藉由幫助你的兒子進行一些簡單的觀察，他的心智省察力將會得到發展，往後就更能理解他人，感受他人的感受。

教孩子在衝突發生之後修復關係

我們知道道歉的重要性，也教孩子說「對不起」，但是孩子還需要知道，很多時候道歉只是一個開始，他們還需要用行動把做錯的事情糾正過來。

在某些情況下，孩子可能需要採取一些具體、直接的行動，比如把弄壞的玩具修好或者換一個新的，或者幫忙做一些重建工作。也可以採取一些溫暖的、比較保險的舉動，比如為這個人畫一幅畫、做一件善意的事，或者寫一封道歉信。重點是你要幫助孩子用行動表現出

全腦情緒教養第12法　情境圖解

☹ 避免無視和否認

☺ 試著運用衝突來保持連結

愛和悔悟，表明他們考慮到了他人的感情，並且希望找到辦法來修復關係中的裂痕。

這與之前提到的兩種全腦情緒教養法直接相關，也就是同理和感同身受。要真誠地修復關係，孩子必須理解他人是如何感受的，對方為什麼會感到難過。父母還可以問孩子：「如果是你心愛的東西壞了，什麼能讓你好受一些？」每一次努力關心他人感受的行動，都會在大腦的人際關係迴路中創造更穩固的連結。當我們突破孩子的防衛，讓他們心甘情願地承擔起責任，就是在幫助他們體諒他人受到的傷害，做出重新連結的努力，幫助他們發展心智省察力。有時候一個真誠的道歉就足夠了：「我那麼做是因為我嫉妒你，對不起。」但是孩子還需要學習採取進一步的行動來達成和解。

心智省察力「治好」自私的孩子

我們再來看看科林，這個父母覺得他過分自私的七歲孩子。我們希望能給羅恩和姍迪一些魔力藥丸，治癒科林自我中心的毛病，並且解決他們在兒子成長過程中面臨的其他問題，但顯然我們做不到。不過幸好，只要羅恩和姍迪給予科林足夠的關愛，幫助他了解人際關係的益處（從他與父母的互動開始），能幫助他明白關心他人和與他人建立連結的重要性。

更重要的是，透過加強「在衝突中連結」的技巧，羅恩和姍迪能夠幫助科林學習考慮他人的感受。例如，當科林重新裝飾房間並把弟弟的物品都挪走時，就是一個不錯的教育時機，父母可以利用這個機會告訴科林很多人際關係的道理。

我們常常忘記「教導」的本意是「教」，而非「罰」。學生是學習的主體，而非被動承受行為後果的客體。透過教導心智省察力，就能把衝突轉化為學習、建立技能和發展大腦的機會。

在這種時候，羅恩可以讓科林看著自己的弟弟（他正哭著把自己的畫撿起來鋪平），提醒科林注意洛根受到傷害的非語言訊息。這可能會引發一場關於洛根的眼睛看到了什麼的有益討論：弄皺的畫，亂扔的獎盃。僅僅讓科林從洛根的角度來看待這一切，就已經是一個巨大的突破，意義非常深遠。懲罰科林禁足也許能教會他以後未經允許不得挪動弟弟的東西，但也可能毫無作用，總之無益於心智省察力的發展。

最後，羅恩和姍迪可以討論一下應該做些什麼來修復這種狀況，包括讓科林向洛根道歉，並且與洛根一起畫一些新的畫，掛在他們共有的牆上。科林的父母把各種狀況用於幫助孩子成長和教導孩子的機會，而非需要**迴避**的不愉快障礙，因此他們能夠將激烈的衝突轉化為幫助孩子成長的時刻，並且讓兩個孩子都了解到相處的具體意義。關鍵在於打開心智省察力的視窗，讓孩子的內心世界能夠被他們自己和彼此所感知。

心智省察力能夠讓孩子意識到理智和情感的重要性。如果這方面發展不良，孩子只會從表面對行為做出反應，在缺少反思的情況下對行為做出機械的「應付」。父母是孩子的第一任心智省察力老師，能夠利用具有挑戰性的狀況，讓孩子運用自己的反思系統，窺見人與人之間共通的內在世界。

當孩子發展出心智省察力技巧，就能夠學會在自己與他人的內在生活之間取得平衡。這些反思技巧同樣也是孩子學習平靜自己的情緒、理解他人情緒的基礎。心智省察力是社交智商和情緒智商的基礎，它讓孩子了解到世界是由關係組成的，而他們是其中的一部分，在這個世界中，感受很重要，而連結是回報、意義和歡樂的泉源。

全腦兒童

教孩子整合自我與他人

現在你已經學到了不少有關心智省察力的觀念，以下有些例子可以讀給孩子聽，向他介紹看見自我與他人的觀念。

【我 vs. 我們】

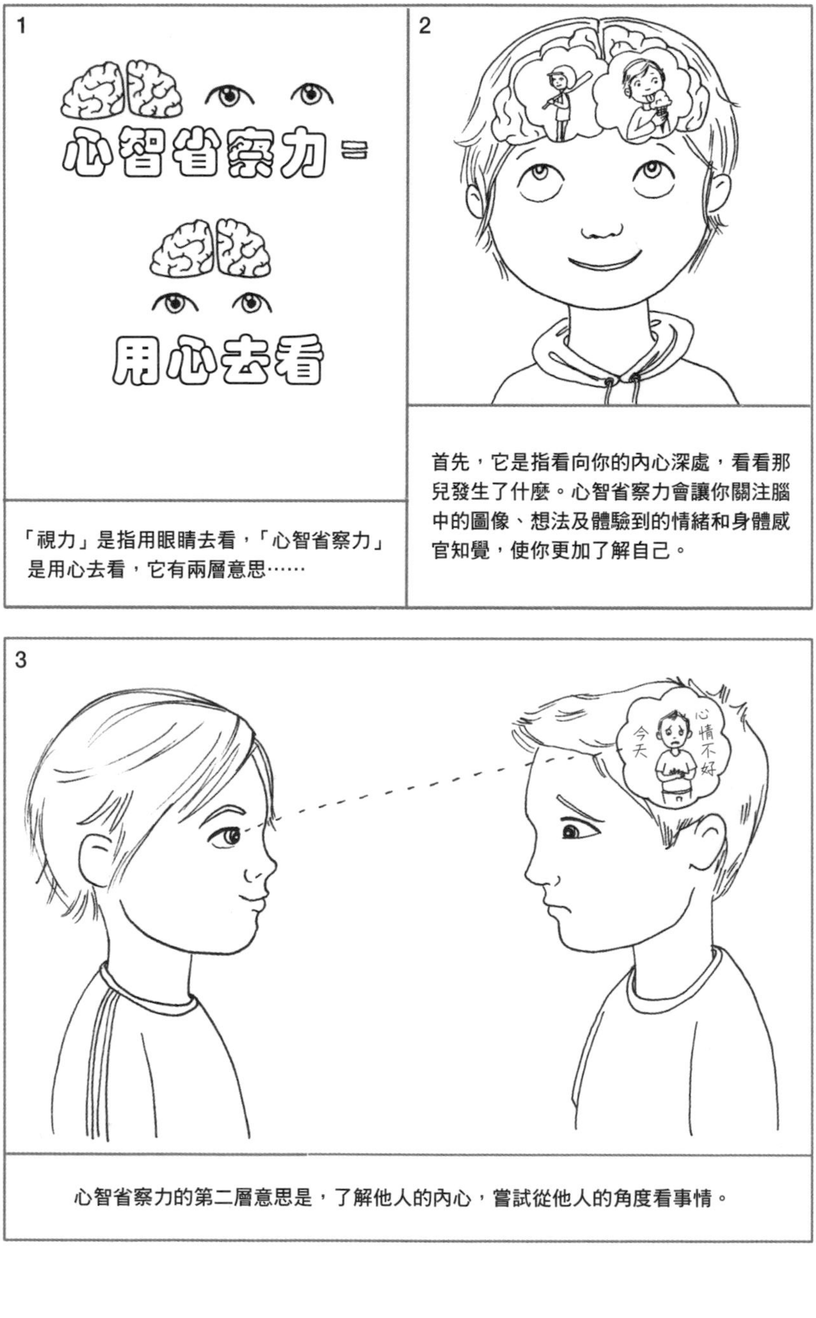
1
心智省察力＝
用心去看
「視力」是指用眼睛去看，「心智省察力」是用心去看，它有兩層意思……
2
首先，它是指看向你的內心深處，看看那兒發生了什麼。心智省察力會讓你關注腦中的圖像、想法及體驗到的情緒和身體感官知覺，使你更加了解自己。
3
今天心情不好
心智省察力的第二層意思是，了解他人的內心，嘗試從他人的角度看事情。

【案例】

1
德魯告訴爸爸，他和朋友提姆為了誰該玩新水槍、誰該玩舊水槍而爭吵。他們最後決定輪流玩。但是德魯回到家後，還是覺得很生氣。
2
你覺得提姆為什麼那麼想玩那把水槍呢？
他認為自己是客人，提姆應該讓他玩新水槍。爸爸聽完後表示理解，然後問德魯：「你覺得提姆為什麼那麼想玩那把新水槍呢？」
3
德魯想了一會兒，說：「因為這是他的新水槍，他還沒玩過呢！」此時，德魯用他的心智省察力來理解提姆的感受。他不生氣了。
4
下一次對別人生氣時，用心智省察力去了解別人的感受。特別是當你跟別人爭吵或覺得被他們欺負的時候，用心智省察力去看看他們可能是怎麼想的、他們的感受如何，這會非常有幫助，能讓你不再那麼難受。

理清自己的過去，打破傳遞痛苦的迴圈

身為父母，生活中最重要的「我們」就是你與孩子的關係。親子關係對孩子的未來影響深遠。不斷有研究指出，如果父母能夠持續、穩定地了解和敏銳地回應孩子的情緒和需要，那麼孩子無論在社交、情緒、身體還是學業上，都將表現得更好。

親子關係非常穩固時，孩子也會表現得更好，箇中原因目前還沒有確切的研究成果能夠說明。你可能更想知道，是什麼造就了這樣的親子關係。這與我們的父母如何養育我們，以及我們讀了多少教養書籍無關，而是取決於我們如何理解自己與父母的關係、我們對孩子需求的敏感程度（這對親子關係影響甚鉅），以及他們過得有多好。

這一切可歸結為所謂的「生命敘事」，也就是我們如何講述自己的生命故事，我們如何看待自己、如何看待自己的心路歷程。我們的敘事方式決定了我們對過去的感受、我們對人們（比如父母）行為方式的理解，以及我們對那些影響了我們成長的事件的認識。如果我們的生命敘事清晰連貫，我們就能明白

自己所經歷的一切以及過去如何塑造了我們。

未經審視和理解的生命敘事會限制當下的我們，也可能導致我們用一種反射式的方式來養育子女，並且把這些早年傷害過我們的沉痛遺傳給我們的孩子。想像一下，你的父親有一個艱辛的童年，也許他的家庭是一個情感沙漠，他的父母在他害怕或悲傷時不能安慰他，家庭成員之間冷淡疏遠，他只能獨自承受生活的艱辛。如果你的祖父母毫不關注你父親和他的情緒，就會給他留下很深的創傷。

因此，成年之後，他可能沒有能力給做為孩子的你所需要的溫暖。他可能沒有與人相處和建立親密關係的能力，可能不懂得如何回應你的情緒和需要，在你感到悲傷、孤獨或害怕的時候也只會叫你「堅強一點」。這些都可能來自於他自己都意識不到的內隱記憶。然後，當你成人並且為人父母之後，也有把同樣的破壞性模式傳遞給你的孩子的危險。這真是糟透了。

不過，值得慶幸的是，如果你理解了自己的經歷，了解父親的創傷和他在人際關係方面的限制，你就能打破這個傳遞痛苦的迴圈。你可以反思這些經歷和對你造成的影響。

你也可能會直接採用跟父母相反的教養方式來教你的孩子。但正確的做法是，開放地反思你與父母的關係如何影響了你。你可能需要處理那些在你無意識的情況下影響你的內隱記憶。找心理治療師來處理這個問題會很有幫助，你也可以跟朋友分享這些經驗。

無論你怎麼做，重要的是要清醒地認識你自己的故事，因為我們會透過鏡像神經系統和內隱記憶，把自己的情緒經驗直接傳遞給孩子——不論好壞。要知道，孩子會接受和經歷我們的體驗，這個重要的體悟會激勵我們去理解自己的故事，包括一切歡笑與淚水。然後，我們將真正理解孩子的需要和傳達的信號，創造安全的依附關係和強大而健康的連結。

研究顯示，有過不幸童年的父母也能和那些成長於安穩、充滿關愛的家庭中的父母一樣，正確地養育孩子，讓孩子感覺到被愛，建立安全的依附關係（見圖6-4）。

無論什麼時候，你都可以重新認識並重新

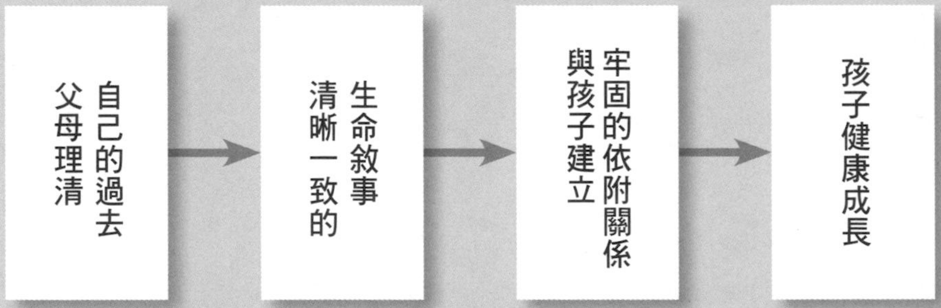

圖 6-4　改變父母早期經驗對孩子的影響

講述你生命的故事，只要去做，你的孩子一定會從中受益。

另外，我們要特別指出：早期經驗並不等於命運。透過理解自己的過去，你可以把自己從世代遺傳痛苦和不安全依附的命運中解救出來，為你的孩子創造養育和愛的遺產。

【結語】

身體與心靈的全腦連結，讓孩子擁有美好人生

全腦情緒教養，教出好人生

我們都在孩子身上寄託了很多希望和夢想。大多數父母希望孩子快樂、健康、獨立自主。我們在整本書中都在傳達這樣的資訊：只要你用心度過與孩子相處的日常時光，你就能夠幫助孩子讓一切夢想成真。這意味著你可以利用一切機會（那些明顯可以施教的情境、艱難的時刻，甚至是單調的日常時光），幫助孩子獲得快樂和成功、建立健康的人際關係並且對自己感到滿意。簡言之，幫助他們達到身體與心靈的全腦連結，幫助他們成為「全腦兒童」（whole-brain children）。

正如我們討論過的，全腦情緒教養法最主要的益處之一，就是讓你解決日常生活中干擾你與孩子之間的快樂和連結的教養難題。它不僅能讓你成為合格的父母，還能加深你與孩子之間的連結，以及你對親子關係的理解。對整合的理解讓你有能力和自信處理親子之間的問題，從而與孩子建立更親密的關係，更了解他們的想法，並且幫助他們塑造積極健康的大腦。因此，不僅你的孩子會健康成長，你們之間的關係也會很成功。

因此，全腦情緒教養不僅關乎你可愛（有時可氣）的孩子的現在，還關乎他的未來。全腦情緒教養意味著整合孩子的大腦，培養他的心智，教給他未來成為青少年和成人的成長技能。藉由整合和發展他們的上層大腦，你將讓孩子未來成為更好的朋友、伴侶和父母。例如，當孩子學會了檢視自己的身體感官知覺、腦中的畫面、情緒感受和想法，他就對自己有了更深的了解，也就更能夠自我掌控，與他人連結。同樣的，藉由教孩子在衝突中保持連結，他們將學會把不愉快的爭論視為機會，嘗試了解他人的想法，這是送給孩子的無價禮物。整合不僅僅是為了生存與發展，不僅僅是為了你的孩子現在的幸福，更是為了他將來的幸福。

全腦情緒教養代代傳承

如果你能考量到全腦教養的世代影響力，那麼你真的非常了不起。你是否意識到，現在的你有能力對未來產生積極的影響？通過賦予孩子運用「全腦」的能力，你影響的不只是孩子的生活，還包括那些與他們互動的人的生活。還記得鏡像神經系統和大腦的社會性嗎？正如我們解釋過的，孩子的大腦不是孤立的、在真空中運行的「單腦殼」器官，自我、家庭和社區從根本上來說是以神經為基礎連結在一起的。即使在忙碌、被動和孤立的日常生活中，仍然要記得這個根本的現實，也就是我們所有人都互相依賴，互相連結。

明白這個道理的孩子，不僅有機會發展自己的幸福、意義和智慧，還可以把這些知識傳遞給他人。例如，當你教孩子運用內在的遙控器來讓內隱記憶外顯化時，你就是在幫助他們發展自我反思的能力，這會讓孩子更能與他人發展有意義的互動關係。在你教他們理解和使用覺知之輪時也是如此。一旦懂得如何整合自我的各個部分，孩子就能更深刻地理解自己，並主動選擇與人的交往方式。他們能夠為自己的生活之舟掌舵，更長久地處於幸福和諧的狀態之中。

我們不斷發現，傳授他人整合的概念及其在日常生活中的運用之道，具有深遠和持久的正面效用。對孩子來說，這個方法能夠改變他們的發展方向，為將來有意義、仁慈、靈活而有彈性的生活奠下基礎。

受過全腦情緒教養法訓練的孩子，能夠說出超越年齡的智慧言辭。我們認識一個三歲的孩子，他很擅長識別並表達看似矛盾的情緒。他跟保母待了一個晚上，當父母回到家時，他告訴他們：「你們不在時我很想念你們，但是我跟凱蒂也玩得很開心。」有個七歲的孩子在參加野餐的路上對父母說：「我決定了，在公園裡不跟大家說我指頭受傷的事了。我只會說這是我自己不小心弄傷的，然後高高興興地玩耍。」這麼小的孩子自我覺察水準能夠達到這個程度似乎很驚人，這顯示了全腦情緒教養能夠創造的可能性。

當你成為自己人生故事的主動敘述者，而不僅僅是歷史的被動記錄者時，你就能夠創造你想要的生活。

你會看到，這樣的自我覺察在今後將會發展為健康的人際關係，特別是當你的孩子也為人父母之後，這對他們的孩子也意義重大。透過培育一個全腦兒童，你就等於是為你未來的孫子孫女準備了一份重要的禮物。現在，閉上你的眼睛，想像你的孩子抱著他的孩子，感受你正在傳遞的力量。不僅如此，你的孫輩還可以把他們從父母身上學到的東西繼續傳遞下去，成為一份生生不息的快樂與幸福的遺產。想像一下，你正看著你的孩子連結並指導你的孫兒們！如此，我們跨越了世代，將我們的生活整合在一起。

全腦情緒教養創造美好家庭

我們希望這個景象能夠激勵你成為理想的父母，但有時候你達不到自己的理想標準。是的，我們分享的很多理念需要透過你和你的孩子的努力才能實現。畢竟，回溯和重述痛苦的經歷、要孩子難過時運用上層大腦而不是下層大腦，真的不是容易的事。但是每一個全腦情緒教養法都搭配了可以立即採用、讓你的家庭生活更美好、更易掌控的具體步驟。

你並不需要成為完美的父親或母親，或者遵守什麼固定的模式，讓你的孩子成為完美的小機器人，你會一直犯錯（就像我們一樣），你的孩子也會一直犯錯（就像我們的孩子一樣）。但是全腦情緒教養的美妙之處就在於，它讓你明白即使錯誤也是成長和學習的機會。這種方式要求我們對自己的行為和目標保持主動，同時接受我們只是普通人這個事實。我們的目標是有意識和專注，而不是僵硬、嚴厲的完美主義。

一旦你了解了全腦情緒教養法，你可能會迫不及待想跟那些將要跟你一起承擔養育後代責任的人分享。父母們會很狂熱地跟老師、照護人以及其他父母分享他們所知道的一切。你會擁有更廣闊的視野，參與創造一個由人際關係充實的社區所組成的、注重培養當代和後代的情感健康的整合社會。所有人在精神層面和社會層面連結起來，將整合帶入我們的生活，創造一個幸福的世界。

我們衷心相信，父母能夠對孩子產生積極的影響，也能對社會產生積極的影響。身為父母，沒有什麼比主動地塑造孩子的大腦更重要的了。你所做的一切影響深遠。

話雖如此，還是不要給自己太大壓力。我們強調了把握機會的重要性，不過要百分之百做到是不實際的。重點在於，要對有助於孩子發展的日常機會保持高度敏銳。但這並不代表你必須不斷提到大腦或者反覆督促孩子回憶重要的經歷。更重要的是，你們要放鬆地一起玩樂。有時候，錯過了教導時機也沒關係。

你有能力塑造孩子的大腦、影響他的未來……這些話，一開始可能讓你難以置信，特別是遺傳和生活經歷對孩子的影響是父母難以控制的。但是，如果你真的掌握了全腦情緒教養法的精髓，你將看見，**它能將你從無法成為好父母的恐懼中拯救出來。**你沒有義務去迴避所有的錯誤，就像你不可能去除孩子面臨的所有障礙。相反的，你的工作是陪伴他們，與他們連結，和他們一起度過生命旅程的跌宕起伏。

本書的好處在於，即使教養的過程不太順利，即使你犯了很多錯誤，這些都是你幫助孩子成長、學習，幫助他擁有快樂、健康、充實人生的機會。不要忽視孩子的激烈情緒，也不要試圖將他們的注意力從內心的掙扎中轉移開來，你可以幫助他們整合大腦，陪伴他們迎接挑戰，一直在他們身邊，增強親子聯繫，讓你的孩子感受到被關注、被傾聽和照顧。希望我們在本書中分享的內容，能夠帶給你啟發，為你打下堅實的基礎，為你的孩子和家庭創造你所期望的生活——今天、未來，並代代相傳。

【致謝】

孩子是父母最好的老師

身為父母和諮商師，我們知道簡單有效地運用知識的重要性。同時，作為訓練有素的科學家，我們知道前沿發現對於科學工作的重要性。我們誠摯地感謝以下各位，有了他們的幫助，這本書才不僅有堅實的科學研究作為基礎，同時還扎根於日常教養的實踐領域。

很幸運能與來自南加州大學和加州大學洛杉磯分校的不同院系的同事一起工作，他們對大腦和人際關係的深入研究和支援，啟發了我們的工作。當我們寫作本書時，我的第一本書《人際關係與大腦的奧秘》正在修訂，參考了二千多種最新科學文獻。我們要感謝這些科學家和研究者，有了他們的工作，才能確保我們介紹的知識與最新的科學發現同步。

本書原稿的出爐，與我們超級棒的文稿代理人和朋友道格．亞伯拉罕的工作密不可分，他以小說家的慧眼和編輯的妙筆，讓本書歷經「十月懷胎」，最終成型。我們三人像「三個火槍手」一樣愉快協作，承擔了將這些重要理念轉化為直接、易懂和準確的日常應用科學的巨大挑戰。我們迫不及待要一起開始新的冒險了！

還要感謝我們在心智省察力研究所、研討會和家長小組中的同事和學生，他們為「全腦情緒教養」理念提供了許多寶貴意見。許多人閱讀了本書的手稿，並給予了寶貴的評價，這是對本書的實踐檢驗。勞拉・哈勃、珍妮・洛倫特、麗莎・羅森伯格、艾倫・梅恩、傑・布瑞森、薩拉・司米倫、傑夫・紐厄爾、吉娜・格里斯沃爾德、塞萊斯特・諾伊霍夫和安德列・範・羅延為文字、插圖和英文版封面提供了中肯的建議。我們也特別感謝黛博拉、加林・布克沃特、詹妮弗、克里斯・威廉斯、莉茲、史蒂夫・奧爾森、琳達・巴羅、羅伯特・科萊格羅夫和戈登・沃克的支持。

我們對貝絲・拉什鮑姆和馬爾妮・科克倫兩位編輯充滿感激，二位的奉獻和智慧（還有耐心）指導我們走過每一個階段。我們很慶幸能擁有這兩位深愛書籍與孩子的編輯。我們還要特別感謝插畫家梅麗李・莉迪亞德，很高興與她合作，她的天賦、極具創意的眼力和為人母的經驗，為讀者提供了一次整合大腦的體驗。

對聽過我們講課或我們有幸合作過的父母和老師們，我們深深地感謝你們對本書理念的熱情。你們對全腦情緒教養法的實際運用，自始至終鼓舞著我們。特別感謝本書故事中的父母們，謝謝你們的分享。雖然書中修改了你們的名字和故事細節，但是我們都記得你們，感謝你們。還有，觀看少年棒球聯盟的觀眾和參加隔壁的莉莉的四歲生日派對的朋友們，感謝你們為本書的英文版書名進行討論和表決。本書的眾多實用理念最終化為清晰簡明的書名，毋庸置疑是你們集體智慧的結晶。

我們從各自的家庭出發，幫助孩子發展靈活的大腦和相互理解的人際關係。我們不僅深深感謝自己的父母，更感謝我們的另一半，卡洛琳和史考特，你們的智慧和意見融於本書的每一頁。你們不僅是最好的朋友，也是最好的合作者。

最後，要感謝我們的孩子——我們最好的老師，他們的愛，以難以言喻的方式鼓舞著我們。我們從心底感激此生有機會成為他們的父母。正是他們在成長過程中進行的各種探索，推動著我們與讀者分享「整合」的理念。因此，我們滿懷愛意地將這本書獻給我們的孩子們，也希望這本書能讓你和你的孩子一起走上通往整合、健康和幸福的旅程。

附錄一

全腦情緒教養12法

整合左右腦

左腦＋右腦＝洞悉與理解：幫助孩子將邏輯的左腦與情緒的右腦視為一個團隊來運用。

爸媽可以這樣做：

- **第1法　用右腦聆聽關注，再用左腦重新引導：**當孩子難過時，首先要進行情感連結，也就是右腦對右腦的連結。一旦孩子能夠控制和接納情緒了，再引入左腦式的教育和規範。
- **第2法　為情緒命名：**當孩子無法控制激烈的右腦情緒時，幫助他述說讓他難過的事情，讓左腦發揮功能，讓孩子理清自己的經歷，更有掌控感。

整合上下腦

發展上層大腦：關注能夠幫助建構複雜上層大腦的方法，上層大腦在孩提時期與青春期仍屬未完工階段，可能會受下層大腦掌控，特別是高度情緒化的狀況下。

爸媽可以這樣做：

- **第3法 動腦莫動氣：**在高壓緊張的情況下，請調動孩子的上層大腦，不要刺激下層大腦。不要隨便說「我說了算」。應該問問題，用商量代替選擇和談判。
- **第4法 越用越靈光：**提供大量鍛鍊上層大腦的機會。玩「你會怎麼做」的遊戲，避免替孩子做複雜的決定。
- **第5法 運動改造大腦：**當孩子與自己的上層大腦失去聯繫時，幫助他透過運動身體來重獲平衡。

整合記憶

讓內隱記憶外顯：幫助孩子將其內隱記憶外顯化，如此一來，過往經驗便不會對他們產生負面影響。

爸媽可以這樣做：

- **第6法　遙控器在我手上：**當孩子不願意重述某段痛苦經歷時，教他運用內在的遙控器，在重述時暫停、重播或快轉，讓他能夠掌控重述的程度。
- **第7法　加深記憶：**讓孩子練習回顧重要事件，幫助他們加深回憶——在車上、餐桌旁，任何地方都可以。

整合自我

覺知之輪：當孩子被困在覺知之輪的某一面向時，幫助他們選擇可以聚焦注意力的地方，更能夠掌控自己的感受。

爸媽可以這樣做：

- **第8法 情緒如浮雲：**提醒孩子，感受就像浮雲一樣，來了還會走；它們是暫時的狀態，而非長久的特質。
- **第9法 檢視情緒：**幫助孩子關注內在的感官知覺、大腦畫面、情緒感受和念頭。
- **第10法 訓練心智省察力：**透過心智省察力練習，孩子能夠學會讓自己平靜下來，按照自己的意願分配注意力。

整合自我與他人

連接「我們」的概念：找尋能夠幫助善用大腦與生俱來的社交互動能力的方法，創造關係的正向心靈模式。

爸媽可以這樣做：

- **第11法 為家注入趣味：**在家中製造歡聲笑語，這樣孩子將與最親近的人享有正向而滿足的人際體驗。
- **第12法 在衝突中保持連結：**把衝突當成機會而非需要避免的障礙，利用衝突教孩子一些不可或缺的人際技巧，比如從他人的角度看問題、讀懂非語言訊息、修復關係等。

附錄二

0～12歲全腦情緒教養手冊

隨著孩子的成長，你可能需要一些幫助，以便把全腦情緒教養12法應用於不同年齡層的孩子。我們深知這項需求，因此製作了以下的手冊。其中某些建議在不同年齡層可能有重疊，這是因為各發展階段之間是有關聯的。我們的目標是確保本書在你的孩子成長和變化的過程中，可以持續做為重要的資源，在孩子的每個年齡層為你提供清晰具體的教養工具。

嬰兒／幼童（0～3歲）

整合類型	全腦情緒教養法	應用技巧（0～3歲）
整合左右腦	**第1法　用右腦聆聽關注，再用左腦重新引導：**當孩子難過時，首先要進行情感連結，也就是右腦對右腦的連結。一旦孩子能夠控制和接納情緒了，再引入左腦式的教育和規範。	教孩子了解情緒，越早越好。感受他的感受，運用非語言訊息（比如擁抱、同情的表情）表達對他的理解：「你覺得自己很失敗，對嗎？」一旦完成了連結，就要設定界線：「不要咬人，會痛。」最後將孩子的注意力導向適當的行為，或轉移到其他事物上：「嘿，看，這是你的小熊。我好久沒看見它了。」
	第2法　為情緒命名：當孩子無法控制激烈的右腦情緒時，幫助他述說讓他難過的事情，讓左腦發揮功能，讓孩子理清自己的經歷，更有掌控感。	即使孩子還小，也要讓他養成了解和識別情緒的習慣：「你看起來很悲傷。」然後讓他把事情經過敘述一遍。對很小的孩子，你要擔任講述者的角色。可以用語言描述剛才摔的這一跤，甚至可以表演出來，最好運用幽默的方式，讓孩子著迷。可以做一個家庭相簿，用圖片或相片來重述讓孩子難受的故事。

整合類型	全腦情緒教養法	應用技巧（0～3歲）
整合上下腦	**第3法　動腦莫動氣：**在高壓的狀態下，請調動孩子的上層大腦，而不要刺激下層大腦。不要隨便說「我說了算」。應該問孩子問題，用商量代替選擇，甚至談判。	沒有人喜歡聽「不」，這一招對學步幼童來說尤其沒用。盡量避免直接用權力來壓制孩子。把「不」留到真正需要的時候。下一次當你想阻止孩子用棍子敲打鏡子的時候，要忍住，鼓勵他用上層大腦思考：我們去外面好不好？在院子裡可以怎麼玩棍子呢？
	第4法　越用越靈光：提供大量鍛鍊上層大腦的機會。玩「你會怎麼做」的遊戲，避免替孩子做複雜的決定。	盡量想辦法讓孩子用他的上層大腦來為自己做決定。「今天你想穿藍T恤還是紅T恤？」「晚餐時你想喝牛奶還是水？」當你們一起讀書的時候，可以問他一些有助於大腦發展的問題：「你認為小貓會怎麼從樹上下來？」「為什麼那個女孩看起來很悲傷？」
	第5法　運動改造大腦：當孩子與自己的上層大腦失去聯繫時，幫助他透過運動身體來重獲平衡。	當孩子感到難過時，首先要承認他的感受，然後盡快讓他動起來。跟他打鬧，玩模仿遊戲，跟他比賽跑到臥室再跑回來。讓他動起來，你就能改變他的情緒。

整合類型	全腦情緒教養法	應用技巧（0～3歲）
整合記憶	**第6法　遙控器在我手上：**當孩子不願意重述某段痛苦經歷時，教他運用內心的遙控器，在重述時暫停、重播或快轉，從而讓他掌控重述進程。	這個年紀的孩子可能還不懂什麼是遙控器，但是他們懂得故事的力量。珍惜孩子願意一遍遍說故事的時光。這個階段你用不到「暫停」和「快轉」，只需要不斷地按「播放」鍵，反覆述說同一件事。講故事能夠帶來理解、治癒和整合。
	第7法　加深記憶：幫孩子留下更多回憶，讓他們練習回顧重要事件——在車上、餐桌旁，任何地方都可以。	你可以透過問一些簡單的問題，將孩子的注意力引向當天的各種細節。「我們今天去凱莉家了，是不是？你還記得我們在那裡玩了什麼嗎？」在這些問題中，一個整合的記憶系統框架就被搭建起來了。

整合類型	全腦情緒教養法	應用技巧（0～3歲）
整合自我	**第8法　情緒如浮雲：**提醒孩子，情緒來了還是會走；它們只是暫時的狀態，而非長久的特質。	讓孩子意識到「暫時的感覺」和「永久的特質」之間是有區別的，為此打下基礎。當孩子感到悲傷（或生氣、害怕）時，他們不明白這樣的感受不會永遠持續下去。因此你要幫他們說：「我現在覺得很悲傷，但是我知道我待會兒就會開心起來。」但是不要因此忽視孩子真實的感受。
	第9法　檢視情緒：幫助孩子關注身體感官知覺、腦海中的畫面、情緒感受和念頭。	幫助孩子了解並談論內心世界。藉由提問來引導他留意身體感官知覺（你覺得餓嗎？）、腦中的畫面（當你想到奶奶的家時，會出現什麼畫面？）、情緒感受（積木倒掉的時候真讓人難過，是嗎？）和念頭（明天吉爾過來，你覺得會發生什麼？）。
	第10法　訓練心智省察力：透過心智省察力練習，孩子能夠學會讓自己平靜下來，按自己的意願分配注意力。	即使是很小的孩子也能學會平靜下來，放鬆呼吸，短短幾秒鐘就夠了。讓孩子平躺下來，放一個玩具船在他肚子上。教他做緩慢、深長的呼吸，讓玩具船隨著呼吸起伏。這個練習時間不宜過長，因為孩子還小。讓他體驗到鎮定、安靜和平和的感覺就行了。

整合類型	全腦情緒教養法	應用技巧（0～3歲）
整合自我與他人	**第11法　為家注入趣味：**在家庭中製造歡聲笑語，這樣孩子將與最親近的人享有積極、滿足的人際體驗。	讓孩子當頭，跟他玩。搔他癢，跟他一起大笑，愛他。把東西疊起來，再推倒。敲敲鍋碗瓢盆，去公園，踢皮球。在每一次與孩子的互動中，只要你全身心地關注孩子、配合孩子，你就能在他的腦中創造愛與人際關係的積極期待。
	第12法　在衝突中保持連結：把衝突看成機會而非障礙，利用衝突教孩子一些必備的人際技巧，比如從他人的角度看待問題、讀懂非語言訊息、修復關係等。	跟孩子討論分享和輪流的概念，不過不要對他們期望太高。接下來的幾年你還有很多機會教他們社交技巧和規矩。現在，如果他與另一個孩子發生衝突，那麼幫助他表達自己和對方的感受，還可以幫助他們解決問題。然後引導他們轉向另一個好玩的新活動。

學齡前兒童（3～6歲）

整合類型	全腦情緒教養法	應用技巧（3～6歲）
整合左右腦	**第1法　用右腦聆聽關注，再用左腦重新引導：**當孩子難過時，首先要進行情感連結，也就是右腦對右腦的連結。一旦孩子能夠控制和接納情緒了，再引入左腦式的教育和規範。	首先，慈愛地傾聽孩子為什麼而難過。擁抱他，用關愛的非語言訊息向他重複你聽到的：「茉莉不能過來，你真的很失望吧？」一旦你們連結上，就可以引導他解決問題，並教導他合適的行為：「我知道你很難過，但是你對媽媽要禮貌。」「今天還有什麼想玩的嗎？也許我們可以看看茉莉明天能不能來。」
	第2法　為情緒命名：當孩子無法控制激烈的右腦情緒時，幫助他述說讓他難過的事情，讓左腦發揮功能，讓孩子理清自己的經歷，更有掌控感。	無論是小挫折還是大創傷，都可以立即開始重述的過程（首先你得進行右腦對右腦的連結）。這個年齡層的孩子還需要你的引導：「你知道我看見什麼嗎？我看見你在跑，當你踩到那個很滑的地方時，你就摔倒了。是這樣嗎？」如果他不能接著你的話說下去，你可以繼續引導他：「你哭了起來，我就向你跑過來了……」也可以做一個家庭相簿，用圖片或相片來重述讓孩子難受的故事。

整合類型	全腦情緒教養法	應用技巧（3～6歲）
整合上下腦	**第3法　動腦莫動氣：**在高壓的狀態下，請調動孩子的上層大腦，而不要刺激下層大腦。不要隨便說「我說了算」。應該向孩子問問題，用商量代替選擇，甚至談判。	設定清晰的界線是很重要的，但是不宜經常直接而嚴厲地說「不准」。當孩子很難過時，與其說「我們不能那樣做」，不如問他：「還有其他的處理方式嗎？」當孩子運用上層大腦想出新的解決方案時，立刻稱讚他。避免發生直接碰撞的好問題是：「你能想出一個讓我們都能滿意的好辦法嗎？」
	第4法　越用越靈光：提供大量鍛鍊上層大腦的機會。玩「你會怎麼做」的遊戲，避免替孩子做複雜的決定。	除了教孩子認識形狀、字母和數字之外，還可以跟孩子玩一個「你會怎麼做」的遊戲，向他呈現假設的困境。「如果你在公園裡發現一個很想要的玩具，但是你知道它是別人的，你會怎麼做？」跟孩子一起讀書，讓孩子推測故事的走向和結局。還有，創造讓他為自己做決定的機會，甚至（尤其）是兩難的處境。
	第5法　運動改造大腦：當孩子與自己的上層大腦失去聯繫時，幫助他透過運動身體來重獲平衡。	這個年齡的孩子喜歡活動。所以當孩子情緒不佳時，先承認他的感受，然後找理由讓他動起來。跟他摔角，和他比賽吹氣球、來回扔球，直到他告訴你他為什麼感到煩惱。運動是改變情緒的有效辦法。

整合類型	全腦情緒教養法	應用技巧（3～6歲）
整合記憶	**第6法　遙控器在我手上：**當孩子不願意重述某段痛苦經歷時，教他運用內心的遙控器，在重述時暫停、重播或快轉，從而讓他掌控重述進程。	這個階段的孩子可能很愛講故事，鼓勵他把發生的所有事情都講出來。如果事情意義重大，要反覆講述事情的經過。
	第7法　加深記憶：幫孩子留下更多回憶，讓他們練習回顧重要事件——在車上、餐桌旁，任何地方都可以。	透過提問來鍛鍊記憶：「還記得克里斯叔叔帶你去吃刨冰嗎？」你也可以跟孩子玩記憶遊戲，比如讓孩子找配對或相似的東西，對於那些你想讓孩子記住的重要事件，你們可以輪流談論自己印象深刻的細節。

整合類型	全腦情緒教養法	應用技巧（3～6歲）
整合自我	**第8法　情緒如浮雲：**提醒孩子，情緒來了還會走；它們是暫時的狀態，而非長久的特質。	孩子之所以無法承受強烈的情緒，是因為他們不能把這些情緒視為暫時的。所以當你在安慰孩子時，要告訴他感受會來，也會離開。讓他認識到，我們應該承認情緒的存在，雖然現在他很傷心（或生氣、害怕），但他很快又會快樂起來。你甚至還可以暗示和誘導他：「你覺得你什麼時候會好一點？」
	第9法　檢視情緒：幫助孩子關注身體感官知覺、腦海中的畫面、情緒感受和念頭。	跟孩子談論內心世界。讓他明白，他可以注意到並且談論他的頭腦和身體中發生的一切。他可能還沒有準備好啟動「檢視機制」，但是你可以透過提問來引導他關注身體感官知覺、腦中的畫面、情緒感受和念頭。
	第10法　訓練心智省察力：透過心智省察力練習，孩子能夠學會讓自己平靜下來，按自己的意願分配注意力。	在這個年紀，可以讓孩子練習深呼吸。讓孩子平躺下來，放一個玩具船在他胃部的位置。教他做緩慢、深長的呼吸，讓玩具船隨著呼吸起伏。對這個年紀的孩子，你還可以激發他生動的想像，讓他練習專注和調整情緒：「想像一下你正在溫暖的沙灘上休息，你感覺平靜和快樂。」

整合類型	全腦情緒教養法	應用技巧（3～6歲）
自我與他人整合	**第11法　為家注入趣味：**在家庭中製造歡聲笑語，這樣孩子將與最親近的人享有積極、滿足的人際體驗。	多花點時間陪孩子，跟他一起玩遊戲，一起歡笑。讓他跟兄弟姊妹和祖父母建立良好的關係。裝傻扮醜，把暗地裡的力量角逐轉化為愉悅有趣的連結。
	第12法　在衝突中保持連結：把衝突看成機會而非需要避免的障礙，利用衝突教孩子一些必備的人際技巧，比如從他人的角度看待問題、讀懂非語言訊息、修復關係等。	利用孩子面臨的衝突來教他如何與他人相處。分享、諒解、寬恕都是他需要學習的重要概念。成為他的榜樣，抓住時機平等地跟他對話，幫助他理解與他人相處的意義，教他關心和尊重他人。

低年級學齡兒童（6～9歲）

整合類型	全腦情緒教養法	應用技巧（6～9歲）
整合左右腦	**第1法　用右腦聆聽關注，再用左腦重新引導：**當孩子難過時，首先要進行情感連結，也就是右腦對右腦的連結。一旦孩子能夠控制和接納情緒，再引入左腦式的教育和規範。	首先傾聽，複述孩子的感受，同時運用非語言訊息來安撫他。擁抱、肢體接觸、同情的臉部表情，仍然是舒緩激烈情緒的有效工具。然後引導他解決問題，並且根據具體情況，訂下規矩，設定界線。
	第2法　為情緒命名：當孩子無法控制激烈的右腦情緒時，幫助他述說讓他難過的事情，讓左腦發揮功能，讓孩子理清自己的經歷，更有掌控感。	無論是小挫折還是大創傷，都可以立即開始重述的過程（首先你得進行右腦對右腦的連結）。問一系列問題：「你剛才沒有注意到鞦韆向你盪過來嗎？」「當老師對你說這些話的時候，他正在做什麼？」可以做一個家庭相簿，用圖片或相片來重述讓孩子難受的故事，跟他們一起為面對那些令人害怕的事情（比如看牙醫、搬家等）做準備。

整合類型	全腦情緒教養法	應用技巧（6～9歲）
整合上下腦	**第3法　動腦莫動氣：**在高壓的狀態下，請調動孩子的上層大腦，而不要刺激下層大腦。不要隨便說「我說了算」。應該向孩子問問題，用商量代替選擇，甚至談判。	老規矩，首先要連結，別一開頭就說「我說了算」。孩子的上層大腦正在蓬勃生長，要盡量讓它得到鍛鍊。解釋原因，歡迎提問，尋求解決方案，甚至是妥協談判。不允許表現出無禮的行為，但是要鼓勵孩子提出自己的見解。如果我們期許並鼓勵孩子進行更複雜的思考，我們就會更少碰上挑釁的反射式反應。
	第4法　越用越靈光：提供大量鍛鍊上層大腦的機會。玩「你會怎麼做」的遊戲，避免替孩子做複雜的決定。	玩「你會怎麼做」的遊戲，讓孩子學習處理困境：「如果一個不良少年在學校裡欺負同學，而當時周圍沒有大人，你會怎麼做？」進行反映性傾聽，談論他人的感受以及自己的意圖、渴望和信念，鼓勵同理和自我理解。另外，讓孩子面對困難的選擇和處境。嚴肅對待這個練習，避免替他解決問題，抵擋住解救他的誘惑。
	第5法　運動改造大腦：當孩子與自己的上層大腦失去聯繫時，幫助他透過運動身體來重獲平衡。	當孩子煩惱的時候，首先要與他建立連結，然後想辦法讓他動起來。跟他一起騎腳踏車，比賽吹氣球，嘗試一些瑜伽姿勢。直接跟他解釋「運動改造大腦」的概念，趁機教導他，我們確實可以在很大程度上掌控自己的情緒。

整合類型	全腦情緒教養法	應用技巧（6～9歲）
整合記憶	**第6法　遙控器在我手上：**當孩子不願意重述某段痛苦經歷時，教他運用內心的遙控器，在重述時暫停、重播或快轉，讓他掌控重述進程。	這個年齡的孩子可能會迴避重述複雜的事情或回憶痛苦經歷。幫他理解回顧發生的事情的重要性。用溫柔和鼓勵的語氣，允許他在任何一點暫停，甚至快轉不愉快的細節。但要確保在某個時刻，你會倒回來敘述完整的事件，包括那些令人痛苦的部分。
	第7法　加深記憶：幫孩子留下更多回憶，讓他們練習回顧重要事件——在車上、餐桌旁，任何地方都可以。	汽車上、餐桌旁，你可以在任何地方跟孩子談論他的體驗，幫助他整合內隱記憶與外顯記憶。在他經歷了生命中的重要時刻，比如溫暖的親子時光、重要的友情、成長儀式等，這點尤為重要。僅僅是問問題，鼓勵他回憶，你就能幫助他記住並理解過去的重要事件，讓他更深刻地理解當下發生的一切。

整合類型	全腦情緒教養法	應用技巧（6～9歲）
整合自我	**第8法　情緒如浮雲：**提醒孩子，感受來了還會走；它們是暫時的狀態，而非長久的特質。	幫孩子留意他在說到自己的感受時所用的辭彙。「我很害怕」並沒錯，但要讓他知道還有另外一種表達方式：「我覺得害怕。」這個辭彙上的小調整能夠幫助他理解「暫時的感覺」和「永久的特質」之間微小但重要的差別。他可能一時感到害怕，但這種體驗是暫時而非永久的。讓他換個角度，預測自己五分鐘、五小時、五天、五個月和五年後的感受。
	第9法　檢視情緒：幫助孩子關注身體感官知覺、腦海中的畫面、情緒感受和念頭。	向他介紹「覺知之輪」。在車裡或餐桌旁跟他玩「檢視」遊戲，要讓他明白每個環節的意思。讓他了解，只有關注內心發生的一切，才能控制自己的感受和行為。藉由提問來引導他關注身體感官知覺、腦中的畫面、情緒感受和念頭。
	第10法　訓練心智省察力：透過心智省察力練習，孩子能夠學會讓自己平靜下來，按自己的意願分配注意力。	這個年齡層的孩子能夠理解和體會到放鬆和關注內心的好處。讓他們練習安靜下來，享受內在的平靜。通過視覺化和想像來引導他們的思緒，讓他們知道自己有能力主動關注那些能夠帶來幸福和平和的想法和感受。告訴他們，任何時候他們想要平靜下來，只需要慢下來，關注自己的呼吸。

整合類型	全腦情緒教養法	應用技巧（6～9歲）
整合 自我與他人	**第11法　為家注入趣味：**在家庭中製造歡聲笑語，這樣孩子將與最親近的人享有積極、滿足的人際體驗。	做你們喜歡一起做的任何事情。一起邊吃爆米花邊看電影。一起玩桌遊、騎腳踏車、編故事、唱歌跳舞。這些一起玩樂和做傻事的時間，會為孩子的將來建立強大的關係基礎。有意識地製造樂趣，創造有意思的記憶。
	第12法　在衝突中保持連結：把衝突看成機會而非需要避免的障礙，利用衝突教孩子一些必備的人際技巧，比如從他人的角度看問題、讀懂非語言訊息、修復關係等。	這個年紀的孩子已經可以理解人際關係的複雜性了。明確地傳授他一個技巧並進行練習。向他解釋如何從他人的角度看問題。在商店或餐廳時，隨意挑選一個路人，讓孩子試著猜猜：他們看重什麼，從哪裡來。教他識別非語言訊息，玩猜表情的遊戲（皺眉、聳肩、挑眉等）。讓他知道在犯錯後除了道歉還能做什麼，拿眼前要解決的問題當做事例進行練習，比如寫一封道歉信，或者試著修理弄壞的玩具。

高年級學齡兒童（9～12歲）

整合類型	全腦情緒教養法	應用技巧（9～12歲）
整合左右腦	**第1法　用右腦聆聽關注，再用左腦重新引導：**當孩子難過時，首先要進行情感連結，也就是右腦對右腦的連結。一旦孩子能夠控制和接納情緒，再引入左腦式的教育和規範。	首先傾聽，如實地反映孩子的感受。運用非語言訊息安撫孩子，一旦他覺得自己的感受被尊重了，你就可以引導他進行計畫，需要的時候也可以設立規矩。清晰直接地跟他說話。他已經能夠聽懂並理解現在的行為與將來的後果之間存在著邏輯關係。
	第2法　為情緒命名：當孩子無法控制激烈的右腦情緒時，幫助他述說讓他難過的事情，讓左腦發揮功能，讓孩子理清自己的經歷，更有掌控感。	首先承認孩子的感受。明確地表達你的想法：「你感到難過，我不會為此而責怪你。換成是我，我也會難過的。」然後讓他講述事情的經過。問問題，用心傾聽。如果孩子不想跟你討論，可以讓他寫在日記裡，或者讓他跟信任的人說。

整合類型	全腦情緒教養法	應用技巧（9～12歲）
整合上下腦	**第3法　動腦莫動氣：**在高壓的狀態下，請調動孩子的上層大腦，而不要刺激下層大腦。不要隨便說「我說了算」。應該向孩子問問題，用商量代替選擇，甚至談判。	對這個年紀的孩子千萬別玩「老子說了算」這一套。相反，你要調動孩子的上層大腦，讓它蓬勃發展：你得在親子關係中保持權威，但在設計規則和紀律時，盡量跟孩子探討各種選擇，與他談判。尊重他，讓他多想辦法，透過請他參與決定、提出解決方案，促進他大腦思考能力的發展。
	第4法　越用越靈光：提供大量鍛鍊上層大腦的機會。玩「你會怎麼做」的遊戲，避免替孩子做複雜的決定。	隨著孩子的成長，虛擬情境會變得越來越有趣。玩「你會怎麼做」遊戲，為孩子呈現各種兩難情境。進行反映性傾聽，談論他人的感受及自己的意圖、渴望和信念，鼓勵同理和自我理解。另外，讓孩子面對困難的選擇和處境。嚴肅對待這個練習，避免替他解決問題，抵擋住解救他的誘惑。
	第5法　運動改造大腦：當孩子與自己的上層大腦失去聯繫時，幫助他透過運動身體來重獲平衡。	直接告訴孩子，運動有助於轉換情緒。當他難過的時候，讓他知道休息一下、站起來活動活動會舒服一點。建議他去騎腳踏車或散步，也可以跟他一起做運動。即使只是伸伸懶腰也會很有幫助。

整合類型	全腦情緒教養法	應用技巧（9～12歲）
整合記憶	**第6法　遙控器在我手上：**當孩子不願意重述某段痛苦經歷時，教他運用內心的遙控器，在重述時暫停、重播或快轉，讓他掌控重述進程。	由於接近青春期，孩子可能越來越不願意跟你訴說他的痛苦經歷。向他解釋內隱記憶的重要性以及由過去經驗生成的聯想會如何影響他。讓他知道，講述自己的體驗可以增強控制感。用溫柔和鼓勵的語氣，允許他在任何一點暫停，甚至快轉到不愉快的細節。但要確保在某個時刻，你會倒回來敘述完整的事件，包括那些令人痛苦的部分。
	第7法　加深記憶：幫孩子留下更多回憶，讓他們練習回顧重要事件——在車上、餐桌旁，任何地方都可以。	在汽車上或者餐桌旁，利用剪貼簿或者日記，幫助孩子思考他的經歷，整合內隱記憶和外顯記憶。在他經歷生命中的重要時刻，比如溫暖的親子時光、重要的友情、成長儀式等，這點尤其重要。僅僅是問問題，鼓勵他回憶，你就能幫助他記住並理解過去的重要事件，讓他更深刻地理解當下發生的一切。

整合類型	全腦情緒教養法	應用技巧（9～12歲）
整合自我	**第8法　情緒如浮雲：**提醒孩子，情緒來了還是會走；它們只是暫時的狀態，而非長久的特質。	孩子已經能夠從意識層面理解這個概念了，但仍要確保在教他這些資訊之前，先傾聽他的感受，然後讓他明白這些感受不會持久。強調「我感到悲傷」和「我很悲傷」之間細微但重要的區別，讓他預測自己五分鐘、五小時、五天、五個月和五年之後的感受。
	第9法　檢視情緒：幫助孩子關注身體感官知覺、腦海中的畫面、情緒感受和念頭。	這個年紀的孩子有一些已經對「檢視」概念有興趣了，他們想看看自己的內心正在發生什麼。當他們進入青春期之後會體驗到更多的內心混亂，了解這些範疇可以為他們提供控制生活的工具。同時，在這個年齡層，建議規律地使用覺知之輪來幫助他們理解和處理各種問題。
	第10法　訓練心智省察力：透過心智省察力練習，孩子能夠學會讓自己平靜下來，按自己的意願分配注意力。	向孩子解釋放鬆和專注的益處。讓他練習安靜下來，享受內在的平靜。通過視覺化和想像來引導他的思緒，讓他知道他們有能力主動關注那些能夠帶來幸福和平和的想法和感受。向他介紹本書中的一些練習，比如想像引導和專注於呼吸，在圖書館或網路上也能找到大量的練習資源。

整合類型	全腦情緒教養法	應用技巧（9～12歲）
整合 自我與他人	**第11法　為家注入趣味：**在家庭中製造歡聲笑語，這樣孩子將與最親近的人享有積極、滿足的人際體驗。	大多數人都以為孩子進入青春期後，就越來越不喜歡跟父母待在一起了。在某種程度上這是對的。但如果你現在能給孩子更多充實、有趣的體驗，在未來幾年他就會更想跟你在一起。這個年紀的孩子仍然喜歡做傻事和嬉鬧，因此不要低估了猜謎遊戲或互動桌遊在加強家庭關係方面的能力。
	第12法　在衝突中保持連結：把衝突看成機會而非需要避免的障礙，利用衝突教孩子一些必備的人際技巧，比如從他人的角度看待問題、讀懂非語言訊息、修復關係等。	自孩子學說話以來，你試圖教給他的所有社交和衝突解決技巧——從他人的角度看問題、識別非語言訊息、分享、道歉——在他進入青春期後也同樣適用。繼續坦率地討論和練習這些技巧。讓孩子從他人的角度來看世界，寫道歉便條，讓他體認到遇到衝突就要去解決，而不是一味逃避——這些都能夠促進孩子與他人的關係。

教孩子跟情緒做朋友【暢銷紀念版】：
腦神經權威╳兒童發展專家的 12 個腦科學教養大關鍵，培養孩子的情緒力、專注力、社交力
The Whole-Brain Child: 12 Revolutionary Strategies to Nurture Your Child's Developing Mind

作　　者　丹尼爾・席格（Daniel J. Siegel, M.D.）、蒂娜・布萊森（Tina Payne Bryson, Ph.D.）
譯　　者　周玥、李碩
審　　閱　胡嘉琪
封面設計　周家瑤、郭彥宏
封面插畫　溫國群
版型設計　高巧怡、歐陽碧智
內頁排版　歐陽碧智
校　　對　魏秋綢
行銷企劃　蕭浩仰、江紫涓
行銷統籌　駱漢琦
業務發行　邱紹溢
營運顧問　郭其彬
責任編輯　溫芳蘭、張貝雯
總 編 輯　周本驥
出　　版　地平線文化／漫遊者文化事業股份有限公司
地　　址　台北市103大同區重慶北路二段88號2樓之6
電　　話　(02) 2715-2022
傳　　真　(02) 2715-2021
服務信箱　service@azothbooks.com
網路書店　www.azothbooks.com
臉　　書　www.facebook.com/azothbooks.read

發　　行　大雁出版基地
地　　址　新北市231新店區北新路三段207-3號5樓
電　　話　(02) 8913-1005
訂單傳真　(02) 8913-1056
二版1刷　2024年8月
定　　價　台幣420元

ISBN　978-626-98213-9-6

國家圖書館出版品預行編目 (CIP) 資料

教孩子跟情緒做朋友：腦神經權威X 兒童發展專家的12個腦科學教養大關鍵, 培養孩子的情緒力、專注力、社交力/ 丹尼爾. 席格(Daniel J. Siegel), 蒂娜. 佩恩. 布萊森(Tina Payne Bryson) 著；周玥, 李碩譯. -- 二版. -- 臺北市：地平線文化, 漫遊者文化事業股份有限公司, 2024.08
　面；　公分
譯自：The Whole-Brain Child : 12 Revolutionary Strategies to Nurture Your Child's Developing Mind
ISBN 978-626-98213-9-6(平裝)
1.CST: 育兒 2.CST: 兒童發展 3.CST: 親職教育
428.8　　113008966